02 无辣不欢

主编：任芸丽

食盐
Salt

中信出版集团 · 北京

食盐 Salt

ISSUE 02
无辣不欢

目录

Cooking

-

❊ 辣厨房 IN THE KITCHEN

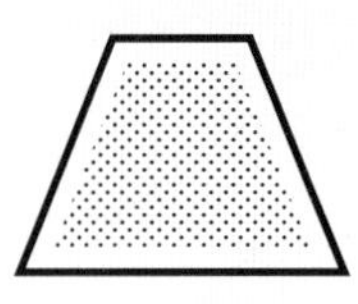

❊ 20 道经典中国辣 20 CLASSIC CHINESE SPICY DISHES

❊ “辣么”就酱吧！THICK CHILLI SAUCE

CONTENTS

其“辣”融融

文 | 任芸丽

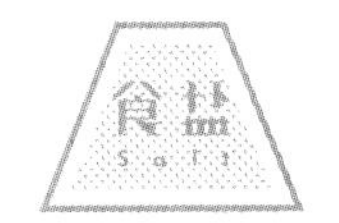

EDITOR'S NOTE
编者按

辣是五味中最极端的一种，不喜欢的人避之唯恐不及，喜欢的人不可一日或缺。我出生在北方，并不是从小就接触辣味，虽然早点摊儿上永远有辣罐醋瓶，但和我们小孩子并无关系。家里也没有非要吃辣的习惯，炒菜的油烟味里没有刺激的气味，闻起来很受用。尤其是放学以后，远远地闻到筒子楼里弥漫的炖鸡炖肉的香味儿，就猜想是不是自家的菜式呢？脚步也不由自主地加快了。

邻居里有一对从南方迁来的小夫妻，在清一色本地土著的单位大院里显得很特别。我喜欢他家的女主人，皮肤白皙，身材玲珑，总穿着碎花的长睡裙，在楼道的小灶上炒菜，干的辣椒碎，湿的辣椒酱，细的辣椒粉，煸出巨大的动静，像电影中的烟火特效。她每次见到我都会招呼：“小丽啊，来阿姨家吃饭啊！”但我总是低头屏息闭眼侧头，飞也似的跑过去，一头冲回家，关起门来猛烈地咳嗽。我问过爸爸妈妈，为什么睡裙阿姨要吃那么辣的东西？大人给我讲道理，有的人无辣不欢，有的人嗜甜如命，都是生活和地域的差异。这是我第一次关注到饮食习惯与味觉养成。那个年代人心宽厚，一座楼里的人不闭门户，小孩子各家乱窜。只要不是吃饭时间，我都爱到睡裙阿姨家里玩儿，她揽着我讲图画书，我偷眼看她白皙的颈上莹如凝露的细汗，心里面暗暗为她惋惜：要是不吃那么吓人的东西，该多好啊！

当我能够接受辣味，并且不知不觉也成为无辣不欢的少女时，也同时经历了人生最初的起落和历练。辣，作为一种味道太强烈了，有人拒之千里，有人趋之若鹜，没有中间路可走。我成为一个大人以后，

咸酸苦甜慢慢尝到，仍感觉缺少一种有力道的体验，如同“一言不合爱上你”那种蛮不讲理的宠溺，于是呼朋唤友，追辛逐辣，听说哪里有网红辣馆一定会前往品尝。这样的寻辣生活过了多年，不止一次被辣得扶着墙，感觉喉咙肿痛窒息，喘不上气来。我的心里有一个声音在赞：“太刺激了！”又有一个声音在问：“这是何苦呢？”这不禁让我想到那位睡裙阿姨，她现在老了，不知搬去了哪里。只恍惚记得曾经有一天我发现她在哭泣，是那种默默流泪却无法止歇的悲恸，饭桌上摆着几碗不知放了多久的菜，红汪汪的辣油浸透冰冷的肉丝、笋片，对面的座位上没有看到男主人。以后也再没见过。火辣的口味造就的却是柔声细语的个性，再多的辣也掩盖不了生活的五味杂陈。

现在我对辣味就像对待五味中其他的任一味那样，不拒绝，不过激，点到为止。我们体验味道，口舌感官的刺激终究是表层的，味道之于生活的涟漪以及对心灵的触动才是目的。我已经不会把味道单纯看成味蕾的感觉，就像接受与辣有关的快乐、激荡一样，与辣有关的窒息和眼泪也要同样接受。当辣不再是一种刺激，而是五味中最后一味融入生活的绵绵情绪，我知道我已经越过了感官成长的青年时代，进入心灵构建的中年了。

对一种味道，从完全拒绝，到开始接受；从逐渐理解，到深深喜爱；从沉溺其中，到可舍可离。就像待人和处世一样，变化都是同步的，只是我们并不一定意识得到。因为工作的需要，我的寻辣之旅不会停下；因为生命的需要，我对爱的渴望也不会止步。

更多原创美食图文，新浪微博@任芸丽 来找我吧！

食盐
Salt
Cooking

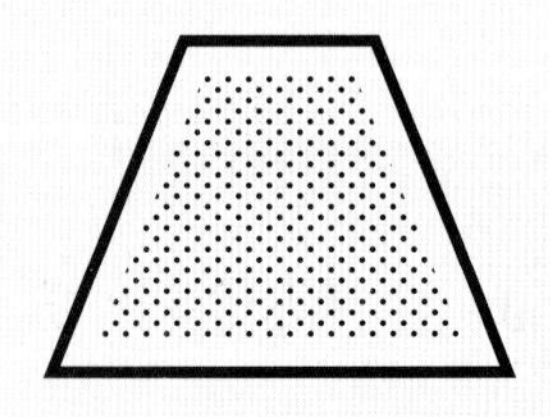

ISSUE 02

无辣不欢

辣厨房 | IN THE KITCHEN

20 道经典中国辣 | 20 CLASSIC CHINESE SPICY DISHES

“辣么”就酱吧！ | THICK CHILLI SAUCE

欢辣小烧烤 | HOT BARBECUE

这么吃更热辣！ | NEW WAY TO SPICY

热辣小酒喝起来！ | HOT COCKTAILS

冰惹火！ | ICE AND FIRE

辣翻天小聚会 | EASY WEEKEND

天然有机醇享美味 | ENJOY THE ORGANIC SEASONING

爱辣

厨房里最出味的是什么，无疑是辣味调料。

❖ **辣椒粉：** 干辣椒研磨成的粉末，根据用途可以选择不同的研磨程度，从碎片状到粉末状皆有，碎片状的可以增香，粉末状的可以增加辣度。

❖ **Tabasco 辣椒仔：** 美式辣椒汁调味料，由辣椒和醋制成，原味辣椒仔质地比较稀，辣味突出，微微带有一些酸味，作为西式烤肉或小吃的伴侣，非常适合。

❖ **日式青芥辣：** 和真正的 wasabi 不太一样，它并不是山葵的提取物，实际上只是一种模仿山葵味道的调味料，辛辣刺激并带有清凉感。

❖ **红葱头：** 生的时候比较辛辣，有强烈的洋葱气味，加工至熟后只剩葱香而不觉得辣了。

◀辣椒粉

◀Tabasco 辣椒仔

◀日式青芥辣

◀芥末油

◀红葱头

◀黑胡椒

❖ **芥末油：**是由芥末籽提炼的油性调料，具有芥末辛辣的滋味，特别适合中式凉菜。

❖ **黑胡椒：**和辣椒带来的火辣辣的刺激略有不同，黑胡椒除了辣还带有烘烤的香味，有温暖身体的作用。

❖ **子弹头辣椒：**辣度不高，香味很浓，很多川菜中会用到这种辣椒。

❖ **花椒：**确切地说，花椒并不辣，但是它能让人舌尖产生麻麻的感觉，同时香气也非常浓郁。

❖ **大蒜：**蒜的辣味也很浓，不过，这种混合着蒜香的辣味只会停留在口腔，不会引发胃痛。

❖ **姜：**除了辣嘴，姜还能让人浑身发热。生姜还有很好的去腥的作用。

傲椒

提起辣，首先想到的肯定是各种各样的辣椒。

❖ **灯笼椒**：是一种新型的菜椒品种，味甜，根本不辣，不过它的外形和非常辣的墨西哥辣椒很相似。

❖ **小米辣**：是辣度比较高的一种辣椒，常见的有青、红两种颜色，辣椒籽比较多，果肉比较薄，在东南亚被叫作小鸟椒。

❖ **美人椒**：形状细长的辣椒品种，常见有墨绿色和鲜红色两种，辣椒籽较少，果肉较厚，辣度适中。

❖ **线椒**：绿色时辣味不是很重，等到成熟红透后辣味升级，红色的线椒也称为二荆条辣椒，是制作剁椒辣味豆瓣酱的好材料。

❖**杭椒：**以前吃到的杭椒基本不辣，味道清甜，适合煎炒，现在市面常见一种略大一些的新品种杭椒，有一点辣。

❖**云南皱皮椒：**长得歪歪扭扭的皱皮椒看起来很水灵，其实辣度也是很高的，它的果肉比较薄，清香热辣。

❖**朝天椒：**朝天椒和小米辣很相似，朝天椒体形略大，辣度也相似，在烹饪时可以互换。

❖**大尖椒：**红色和绿色的尖椒是入菜的好材料，尖椒的辣度适中，可以做成烧椒擂茄子、虎皮尖椒等菜肴。

辣椒故事

文 | 棋子灯花

某日发呆云游时忽然想问，既然辣椒是明朝才传入中国，那么在此之前湖南、四川的人民都爱吃什么呢？问了一些专家，发现原来他们爱吃祛湿的重口味时蔬，比如姜、藤椒，甚至甜食。原来受地理条件的限制，川湘人民一直在辛苦寻找的祛湿佳品，终于在辣椒传入中国后被他们找到了！

❖最初在南美洲圭亚那的热带雨林中，辣椒被玛雅人发现并食用，到阿兹特克文明时期（14 世纪 ~ 16 世纪）已有培植记载，估计主要目的也是祛湿，当然辣椒的美味也得到了充分重视。随着大航海时代的推进，辣椒在世界各地传播开来，种植品种也越来越多。中国人最初管辣椒叫“海椒”“番椒”，说明它是从海外番邦传入的。由于辣椒多产，又能够在不同品种间自由交叉授粉，所以品种是呈爆发式更新的。杂交会使辣椒变得更辣，国际上比较多见的是阿吉椒、墨西哥哈拉帕椒、匈牙利樱桃椒、泰辣椒、苏格兰椒、荷兰柿子椒等，辣度也是天差地别。在中国比较多见的是朝天椒、新疆板椒和灯笼椒等。这其中柿子椒是最不辣的辣椒，是辣椒的一个变种，一些人把它归类为菜椒，以柿子椒为基础人们又培育了彩椒用以丰富吃货们的餐桌，其实它们也都是辣椒的一种。

❖辣椒现在被公认是一种健康食品，不仅富含维生素 C，还有健胃、祛湿、活血、改善心血管功能等各种好处，当然前提是不能吃多。殊不知古人最初是把辣椒用于医疗而非品味的。墨西哥人认为辣椒能治

百病，不仅能医治神经痛，还能用于全身的各种病痛，包括治疗胃寒痛、缓解心悸、消食导滞等，甚至保养头发，治疗秃头都用辣椒。现代医学发现辣椒能够降低血糖，加速血液循环，增进脂肪代谢，利于减肥。筋骨酸痛的人在浴缸中加入少量辣椒粉泡洗酸痛部位也能有效缓解病痛。但是如果过于痴迷于辣椒，物极必反，过犹不及，也会导致身体出现问题，特别本身就有皮炎、痔疮、结膜炎、慢性气管病、心血管病等的人，只要医嘱说避免吃刺激性食物，就一定得戒辣椒。原因很简单，首先辣椒可能会刺激身体病变的部位，导致病症加重，其次辣椒可能因为刺激肠胃，导致胃肠对药物吸收产生障碍。

❖美食名家们似乎都不太喜欢辣椒，因为辣椒的味道太霸道，稍微多一点就会把食材的味道，把其他调味的层次全部打乱；并且辣的美味只有辛辣、香辣等几种，变不出更多的花样了。如果作比喻，感觉辣椒特别像个少年，热烈单纯、不管不顾、健康活泼。

❖某日另一次发呆云游，忽然想问，为什么年轻人都在无辣不欢，而上点年纪后则开始热衷淮扬菜系？难道年纪大了就不需要祛湿了？也许象征年轻的辣椒就是“挑战”的代名词吧！

爱你“辣么辣么”多

-

文 | 棋子灯花

有人说，辣是一种瘾，三天不吃就各种想念。那么我们就来看看辣是怎么做到让人念念不忘的吧。研究发现，如果身体受到极度的刺激，为逃避这种痛苦的刺激，身体会分泌出多巴胺和内啡肽，也正是因为这个原因，食辣会令人感到非常愉悦。看来吃辣椒确实会令人快乐，只是先痛苦而后才快乐罢了。

❖ 辣椒是按辣度分级的，国际上通用的分级法是以美国科学家斯科维尔命名的斯科维尔分级法。取一定量的辣椒制备出一定量的辣椒精，通过稀释的方法定级，稀释倍数就是辣度单位。完全不辣的为 0 个斯科维尔单位，比如荷兰的柿子椒。目前世界上的超高辣度每隔几年就被刷新，据说实施辣度测试时，研究人员都得全身穿戴防护服，以防被辣椒烟尘辣伤。从美国的“卡罗来纳死神”到英国的“无限”再到澳大利亚的“特立尼达蝎子”，培育更辣的魔鬼辣椒似乎已经演变成了一种科研乐趣。我们能见到的一些比较辣的辣椒有海南的灯笼椒，辣度一般在 10 万个单位，云南的象鼻涮涮辣，辣度有 44 万个单位，我们平时觉得很辣的朝天椒辣度一般在 2 万到 7 万个斯科维尔单位。如此看来，扬言自己能吃最辣的辣椒是不切实际的，还是在我们的身体能接受的范围好好爱辣椒，好好享美食吧。

❖ 我们的餐桌上，除了辣椒，还有胡椒、大蒜、大葱、芥末等都能产生各种美妙的辛辣味，这些很家常，也很美味！做菜时辣味分为辛辣和香辣两种。辣椒含有辣椒碱，姜含有姜辣素，胡椒含有胡椒碱，蒜中含有蒜素，都是属于辛辣的范畴。辛辣能够增香、解腻、去异味。菜油、花椒油加入辣椒粉制作出的辣椒油则能产生香辣味。而厨师们奉行的都是“辛而不烈”的原则，追求辣而不燥，富于香气。

❖ 在中国，爱吃辣的人早就从湖南、四川蔓延到了大江南北、长城内外，辣椒进入中国才 500 年，就以迅雷不及掩耳之势火遍全国。举一个躺枪的例子：折耳根在贵州的历史能追溯到春秋战国甚至更早，但现在北方还是没几个人听说过，所以辣椒能够用这种速度一统天下，也只能说人们追求的是一种先痛而后快的快乐吧。

❖ 四川菜系火遍全国的是麻辣火锅，店家一般根据食客的耐受能力分了微微辣、微辣、中辣、重辣等级别，但是辣椒用的都是正宗的四川海椒、朝天椒、子弹头的干辣椒炒成的。这种做法辣而不燥，香气四溢。

❖ 湖南吃的辣椒一般经过腌制，小指天椒经过泡菜坛腌制，咸香润辣，特别适合下饭。而剁椒则把大红辣椒均匀剁碎后加入蒜末和盐，密封腌制，让人离得很远就能感受到湘式魅力。豆豉辣酱则是湖南人的最爱，并不是每个人都能接受的豆豉 + 辣椒味代表了湖南的性格，不管在什么菜里加一点，都能马上成为地道湖南家常口味。

❖ 陕西称辣椒为辣子，一般喜欢把辣椒做成干辣椒粉，陕西十八怪里说“羊肉泡馍大碗卖，有了辣子不吃菜”，陕西的辣子辣度足，让你吃完就想去吼秦腔，透着憨直火热。

❖ 东北吃辣的方法最家常的就是泡菜，渍泡菜需要用辣椒和干辣椒粉及大量的糖，所以很多小朋友最先爱上辣是从朝鲜族料理开始的，又甜又辣，一开始因为甜所以勉强吃点辣，后来就真的爱上了辣。

❖ 贵州的老干妈辣椒酱听说已经占领了全地球，贵州吃辣椒的主要方法就是把辣椒做成酱，酱里有肉末，辣椒的辣混合了肉的香，即便一成不变，也能让人 始终追随。

❖ 云南的辣特别丰富，有一部分与泰国的辣相似，以酸辣为主，但其实这满足不了爱吃辣的云南人，他们爱吃最辣最辣的辣椒，不过考虑到其他人，他们会很随和地将辣椒粉放进小碟，起名叫蘸水。有需要的去蘸一蘸，食辣能力不够的可千万不能碰，真的会辣到跳起来。

❖ 辣椒极富侵略性，现在连从不沾辣的上海、福建、广东一带都在流行辣食，足见辣之魅力。总之，多开发一些好吃的辣食，嗜辣一族的生活就能更丰富了。

20 CLASSIC CHINESE SPICY DISHES

20道经典中国辣

-

文 | 棋子灯花

在中国，五味是与五行相对应的，酸苦甜辣咸的辣，即辛，对应的是五行木火土金水中的金，对应的是五脏“肝心脾肺肾”中的肺，简单地说就是爱吃辛辣的人这几方面都比较欠缺、薄弱，按中医养生的观点来讲是建议有意识地多加保养。不过现在爱吃辛辣、无辣不欢的人那么多，这些人都怎么了？这个世界怎么了？难道不应该是喜欢五种味道的人数相对平均的吗？

每个人的心里都有一款偏爱的辣菜，除非身体出了问题，被医生禁止吃辣，否则一般都会隔三岔五，更有甚者天天不断地去吃。辣菜从云贵川湘的家庭餐桌上，一直发展到全中国的饭馆里，现在几乎全中国家庭的家常菜里都必然会见到一两样辣菜了，辣椒就这么渐渐地占领了中国。面对这个现象，大家似乎都放弃“抵抗”，那么不如我们就多学做几个辣菜，边吃边思考吧！

辣味从哪里来?

-

鲜辣椒

市场上的鲜辣椒主要分为红色和绿色两种，原来妈妈说红色辣，绿色不辣的时代已经过去了，经过各种杂交，谁都说不好到底什么颜色不辣，买的时候一定要问清楚。

-

干辣椒粉

干辣椒粉是红辣椒晒干后磨成的粉，原料以陕西秦椒和四川的二荆条最为有名。上乘的干辣椒有独特的香气，只有肥厚油大的红辣椒才能做出上乘干辣椒，那诱人的香气就是辣椒油散发出来的。

-

泡椒（剁椒）

辣椒可以腌制成泡椒，最有名的是四川的泡椒和湖南的剁椒及泡白辣椒。四川泡椒有两千多年的历史，湖南的白辣椒是由青辣椒加工而成，这种方法也是历史悠久，而剁椒则据说是从明末清初才开始进入湖南家庭，中国人的美食环境其实是从近两百年开始才变得宽松而美妙的。

-

糟辣椒

只有在云贵才能吃到正宗的糟辣椒，用辣味不重的红椒碎与生姜碎、大蒜碎一起拌匀，加一点白酒密封保存。与泡椒做法的些微不同之处在于，糟辣椒不用把辣椒、嫩姜和大蒜完全晾干，就可以装入坛中腌制了。

-

辣酱

最佳佐餐调味是什么？必须是辣酱！制作辣酱时，辣椒就像一个变化无穷的百搭食材，可以搭肉丝，可以搭肉块，可以搭豆瓣，可以搭萝卜……随你创意，最后都一样好吃。

这道经典的川味麻辣菜肴已经红遍了全世界，如今，早已不只中国人才爱吃麻婆豆腐了。

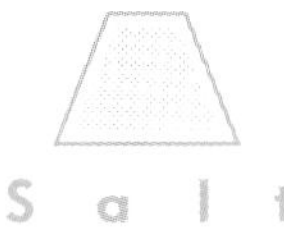

麻婆豆腐

用料

牛绞肉 80g、石膏豆腐 1 块、大葱 1 段、蒜 2 瓣、姜 1 片、青蒜 1 棵、花椒粉 1/2 茶匙、辣椒粉 1/2 茶匙、郫县豆瓣 1 汤匙、生抽 1 汤匙、料酒 1 汤匙、高汤 1 杯、水淀粉 1 汤匙、油 1 汤匙

做法

1- 豆腐切成 2cm 见方的块，放入盐水中浸泡 10 分钟。葱、姜、蒜和青蒜分别切碎备用。

2- 大火加热炒锅中的油，五成热时放入郫县豆瓣和辣椒粉煸炒出红油，然后放入葱、姜、蒜末翻炒出香味，再放入牛绞肉炒至变色。

3- 在锅中烹入料酒，调入生抽，翻炒均匀后注入高汤煮开。将豆腐块从盐水中捞出，放入锅中，轻轻晃动炒锅使豆腐块和汤汁混合均匀。

4- 小火炖煮 3 分钟后调入水淀粉，调成大火并继续晃动炒锅，使之均匀地裹上汤汁。出锅装盘后撒上花椒粉和青蒜末即可。

辣子鸡

❍ 用料

三黄鸡 1/2 只、大葱 2 段、蒜 4 瓣、姜 3 片、二荆条干辣椒 40g、花椒 2 茶匙、熟白芝麻 1 汤匙、料酒 1 茶匙、生抽 1 汤匙、五香粉 1/2 茶匙、生粉 1 汤匙、白砂糖 1 茶匙、盐 1 茶匙、油 300mL

❍ 做法

1- 鸡洗净控干，切成 2.5cm 见方小块，尽量大小均匀。葱切片，蒜瓣切成两半，姜切成小片备用。二荆条辣椒切成 1cm 长的段。

2- 鸡块放入碗中，加入料酒、生抽、五香粉、生粉、盐抓拌均匀，腌渍 10 分钟。

3- 取一个深锅，注入油，中小火加热至五成热，放入鸡块炸至微黄，捞出。调成中火加热，提高油温至七成热，放入鸡块炸至金黄捞出控干备用。

4- 炒锅中注入 2 汤匙油，中火加热至六成热，放入辣椒和花椒煸炒出香味，然后放入葱片、姜片、蒜翻炒均匀，放入鸡块翻炒，调入白砂糖和 1 汤匙水，让鸡块表面略微回软。

5- 出锅前撒入白芝麻翻炒均匀即可，最后装入大盘。

水煮肉

❍ 用料

瘦牛肉 250g、大白菜 200g、蒜 10 瓣、大葱 1 段、姜 2 片、干辣椒 10g、花椒 1 汤匙、郫县豆瓣 2 汤匙、醪糟汁 2 汤匙、生抽 1 汤匙、高汤 400mL、生粉 1 汤匙、盐少许、白砂糖 1 茶匙、油 100mL

❍ 做法

1- 瘦牛肉垂直肌肉纹理切成薄片，调入醪糟汁、盐、生粉抓拌均匀，腌渍片刻。
2- 大白菜洗净撕成大片。干辣椒切成小段。郫县豆瓣剁碎。大葱切片，姜和蒜切碎备用。
3- 炒锅中注入 2 汤匙油，中火加热至五成热时放入辣椒和花椒翻炒至棕红色，盛出备用。
4- 炒锅中留底油，大火加热，放入葱片炒出香味，然后放入白菜片翻炒至边缘略透明，盛出放入大碗备用。
5- 炒锅中重新注入 2 汤匙油，中火加热至五成热，放入郫县豆瓣和姜末煸出红油，注入高汤煮沸，然后放入腌好的肉片，划散，肉片变色后调入白砂糖和生抽，连汤带肉倒入装有白菜的大碗中。
6- 把炒好的辣椒、花椒和准备好的蒜末放在肉片上，用炒锅加热剩余的油，烧至九成热时淋在蒜末上即可。

酸菜鱼

❍ 用料

草鱼 1 条、四川酸菜 300g、青红美人椒各 1 枚、干辣椒 5 枚、花椒 10 粒、大葱 1 段、姜 2 片、蒜 2 瓣、蛋清 1 只、料酒 1 汤匙、生粉 1 茶匙、盐 1/2 茶匙、白胡椒粉 1 茶匙、油 100mL

❍ 做法

1- 草鱼洗净擦干，先取下鱼身两侧净肉，鱼骨反复洗净血污留用。从鱼尾开始，斜着入刀，刀刃朝向鱼尾，把鱼肉片成薄片，放入清水中漂洗至微透明，捞出控干，放入生粉、1/2 茶匙白胡椒粉、料酒、蛋清和少许盐反复抓拌均匀，腌渍 20 分钟。

2- 青红美人椒切成辣椒圈备用。干辣椒切成小段。大葱切小段，姜改成小片，蒜切片备用。酸菜片成薄片，用水洗净备用。

3- 炒锅中注入少许油，中火加热至五成热，放入白胡椒粉、葱段、姜片、蒜片煸炒出香味，然后放入鱼头鱼骨煸炒至表面变色，放入酸菜继续翻炒片刻，注入开水煮沸，然后用中大火煮 20 分钟至汤色奶白。

4- 把汤中的鱼骨和酸菜捞出放入大碗中，然后继续大火加热鱼汤，逐片把鱼肉展开放入汤中，变色即可捞出放在盛放鱼骨、酸菜的大碗中。

5- 全部鱼片煮熟后，取上层无渣汤汁注入装有鱼片的大碗中。另起炒锅，注入少许油，放入干辣椒和花椒，大火加热翻炒至辣椒微变色，然后把辣椒、花椒捞出放在鱼片上，同时放上青红辣椒圈。

6- 在炒锅中额外注入 2 汤匙油，大火烧至九成热，淋在碗中的青红辣椒圈上即可。

名字听起来彪悍，吃起来辣味冲天，果然名不虚传。

土匪猪肝

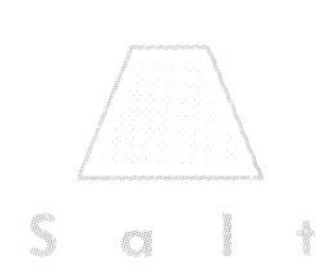

❍ 用料

猪肝 300g、大葱 1 段、姜 2 片、蒜 2 瓣、青红辣椒各 2 枚、生抽 1 汤匙、料酒 1/2汤匙、生粉 1 茶匙、盐少许、白砂糖 1 茶匙、油 2 汤匙

❍ 做法

1- 猪肝去掉表面筋膜，切成薄片浸入清水中约 1 小时，出尽血水后漂洗干净，挤出多余水分，加入料酒、生粉和少许盐抓拌均匀，腌渍 20 分钟。
2- 葱、姜、蒜切片。青红辣椒分别切片备用。
3- 大火加热炒锅至冒烟，调成小火，注入油，油温三成热时放入猪肝片，划散，待猪肝表面变色时盛出备用。
4- 炒锅中留底油，大火加热至五成热，放入葱、姜、蒜炒香，然后放入辣椒翻炒片刻，放入猪肝，调入生抽、白砂糖，翻炒均匀迅速出锅。

超级下饭的家常小炒，也是多少人对家乡的牵挂。

小炒肉

❍ 用料

五花肉 200g、朝天椒 2 枚、杭椒 6 枚、大葱 1 段、姜 1 片、蒜 2 瓣、干豆豉 1 汤匙、料酒 1 汤匙、老抽 1/2 汤匙、生抽 1/2 汤匙、盐少许、油 2 汤匙

❍ 做法

1- 五花肉连皮切成薄片。杭椒去蒂对剖两半，朝天椒切成斜片。大葱、姜和蒜分别切片备用。
2- 五花肉加入老抽、料酒拌匀后腌渍 10 分钟。
3- 中火加热炒锅，锅热后直接放入杭椒干煸，表面出现花纹时淋入少许油炒匀出锅备用。
4- 炒锅中注入油，大火加热至五成热时放入五花肉煸炒至微微卷曲，然后放入葱、姜、蒜和豆豉炒出香味，加入杭椒和朝天椒，调入盐和生抽翻炒均匀即可。

难得的辣味上海菜，在香甜的酱味中带出一丝辣味，层次非常丰富。

上海八宝辣酱

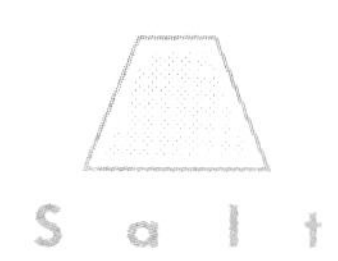

Salt

❍ 用料

猪腿肉100g、河虾仁100g、鸭肫2枚、熟猪肚100g、鸡胸肉100g、豆干100g、鲜豌豆粒30g、水发香菇4朵、水发冬笋50g、郫县豆瓣1汤匙、老抽1茶匙、白砂糖2茶匙、高汤2汤匙、水淀粉2汤匙、盐少许、生粉1/2茶匙、油2汤匙

❍ 做法

1- 虾仁加入少许盐和生粉抓拌均匀，腌渍片刻。鸭肫煮熟，和其他原料悉数切成1cm见方的小丁。豌豆汆烫至熟，捞出备用。

2- 大火加热炒锅至略生烟，注入油，约三成热，放入虾仁滑散，变色后盛出备用。

3- 继续加热炒锅，五成热时放入猪肉丁、鸡肉丁翻炒至变色，盛出备用。在锅中放入郫县豆瓣煸炒出红油，然后放入猪肚丁、鸭肫丁、豆干、香菇丁和笋丁翻炒片刻，调入2汤匙高汤，放入猪肉丁和鸡肉丁略煮。

4- 调入老抽、白砂糖翻炒均匀后淋入水淀粉翻炒，汤汁收紧后盛入盘中，最后放上炒好的虾仁和豌豆即可。

除了羊肉串，新疆菜里最具知名度的菜肴非它莫属——辣味炖鸡。

Tips

大盘鸡可以搭配煮好的扯面片，也可以单独成菜。

新疆大盘鸡

❍ 用料

仔鸡 1 只、土豆 2 个、青椒 1 个、绿尖椒 2 个、大葱 1 段、姜 2 片、蒜 5 瓣、干红辣椒 2 枚、花椒 1 茶匙、八角 1 枚、老抽 1 汤匙、盐 1/2 茶匙、红糖 2 汤匙、油 2 汤匙

❍ 做法

1- 仔鸡洗净，切成 3cm 见方的块，控干水分备用。土豆洗净去皮，切成和鸡块相似的块。青椒掰成片，尖椒切片备用。大葱切小段，姜切成小片。

2- 炒锅中注入油，放入红糖，用中火熬煮至糖完全融化，放入鸡块煸炒，让所有鸡肉都蘸上糖色。

3- 放入葱段、姜片和蒜继续翻炒至鸡肉收缩，调入老抽，加入 2 杯热水，让水浸没所有鸡块，放入干辣椒、花椒、八角，煮开后小火炖煮 15 分钟，放入土豆块，调成大火炖煮至土豆可以被轻易刺穿。

4- 放入青椒块和尖椒块，翻炒 3 分钟，让水分略收干，最后调入盐即可。

这道菜几乎成了湖南菜的代表，满铺的剁椒完全是高能预警，提醒食客一定要小心被辣到。

剁椒鱼头

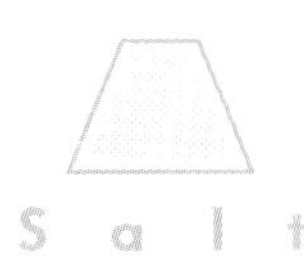

❍ 用料

胖头鱼头 1 个（1500g 左右）、红剁椒 150g、香葱 4 棵、姜 1 块、白胡椒粉 1 茶匙、黄酒 1 汤匙、蒸鱼豉油 2 汤匙、白砂糖 1 茶匙、盐 1 茶匙、山茶油 3 汤匙

❍ 做法

1- 胖头鱼头洗净，从头顶劈开，下颌的鱼肉最好相连，这一步可以请鱼贩代劳。在表面擦少许盐和白胡椒粉，淋上黄酒腌渍片刻。

2- 2 棵香葱切成葱花，另两棵分别打结备用。姜取 15g 切成姜末，另外的部分切成厚片备用。

3- 炒锅中注入少许油，大火加热至五成热，放入少许姜末和葱花翻炒，然后放入红剁椒翻炒出香味，调入少许白砂糖盛出备用。

4- 盘中码放厚姜片和葱结，把鱼头鱼皮向上放在姜片和葱结上，分别在两边鱼头上铺上炒好的剁椒，送入已经上气的蒸锅中大火蒸 20 分钟，若鱼头大则适当延长时间。

5- 取出鱼头，倒出多余的汤汁，淋上蒸鱼豉油，在剁椒上摆上葱花。用炒锅加热剩余的山茶油至九成热，淋在葱花和剁椒上即可。

干煸牛肉丝

❍ 用料

瘦牛肉300g、香芹2棵、姜2片、干辣椒20g、花椒2茶匙、郫县豆瓣1汤匙、料酒1汤匙、白砂糖2茶匙、油2汤匙

❍ 做法

1- 牛肉切成0.5cm粗的丝。香芹洗净，切成和牛肉差不多长的段。辣椒和姜分别切成丝备用。郫县豆瓣剁碎。

2- 炒锅加热至略冒烟，注入油，中火加热至六成热，放入辣椒丝和花椒翻炒至微微变色，迅速盛出备用，多余的油留在锅中。

3- 用大火继续加热炒锅，如果油量不足，可以略再加些油，烧至六成热时放入牛肉丝干煸，直至水分基本炒干，牛肉呈棕红色，盛出备用。

4- 继续加热炒锅中剩余的油，放入郫县豆瓣煸炒出红油，放入姜丝和牛肉丝翻炒，调入料酒、白砂糖翻炒均匀，然后放入辣椒丝和花椒，放入香芹段翻炒至香芹断生即可。

老牌川菜馆子的菜单上经常能看到它的身影，干辣鲜香的口味非常迷人。

云南人吃辣也是很有水平的，除了各种辣椒蘸水，这道滇味凉米线广受欢迎，酸酸辣辣的口感惹人喜爱。

滇味凉米线

❍ 用料

米线150g、猪绞肉100g、韭菜20g、青红小米辣各1枚、绿豆芽50g、香菜1棵、辣椒粉1茶匙、花椒粉1/2茶匙、花生米15g、生抽2汤匙、香醋1汤匙

❍ 做法

1- 干米线煮熟过凉备用。韭菜择洗干净切成寸段。青红小米辣切碎备用。香菜洗净取叶备用。
2- 炒锅烧热，注入油，大火烧至五成热，放入辣椒粉和花椒粉，迅速放入猪绞肉翻炒至肉汁变干，烹入1汤匙生抽翻炒均匀，制成炒肉盖帽备用。
3- 韭菜和豆芽分别氽烫至熟，沥干备用。花生去皮用少许油炒至金黄酥脆，捣碎备用。
4- 凉米线盛入碗中，调入1汤匙生抽、香醋，撒上青红辣椒碎、花生碎、炒肉盖帽和韭菜、豆芽、香菜，拌匀即可。

对于贵州人来说，只要有一罐糟辣椒，什么饭都能一扫而光，仅仅是用糟辣椒炒饭就非常美味了。

糟辣椒炒饭

❍ 用料

鸡蛋 2 枚、隔夜米饭 2 碗、糟辣椒 2 汤匙、香葱 1 棵、盐少许、油 2 汤匙

❍ 做法

1- 鸡蛋磕入碗中打散，调入少许盐备用。糟辣椒剁碎。隔夜米饭调入 1 汤匙开水，用饭勺压散备用。香葱切碎。

2- 炒锅中注入油，大火加热至六成热，倒入蛋液迅速搅拌，鸡蛋凝结成小块后盛出备用。

3- 炒锅中留底油，大火加热至五成热时放入糟辣椒翻炒，略炒出红油时放入米饭继续翻炒。

4- 米饭完全炒散，放入鸡蛋翻炒均匀，最后加入葱花即可。

泡椒鸡胗

用料

鸡胗 300g、泡野山椒 100g、青蒜 2 棵、姜 1 片、料酒 1 汤匙、生抽 1 汤匙、生粉 1 茶匙、盐少许、油 2 汤匙

做法

1- 泡椒洗净切成 1cm 长的段备用。青蒜切斜片，姜切片。
2- 鸡胗洗净，切片后加入生抽、料酒、盐、生粉拌匀腌渍 10 分钟。
3- 炒锅中注入 1 汤匙油，大火加热至五成热，放入泡野山椒翻炒，水分减少后盛出备用。
4- 炒锅中重新注入油，大火加热至五成热时放入姜片煸炒，然后放入鸡胗炒至变色，加入辣椒继续翻炒两分钟。
5- 最后加入青蒜叶，翻炒至青蒜变色即可，可根据个人口味决定是否再加少许盐。

湖南的白椒鸡胗是道名菜，泡椒鸡胗和白椒鸡胗有异曲同工之妙。

香辣蟹已经流行了很多年，这并不算一道传统的四川菜，但并不影响它红遍大江南北。

香辣蟹

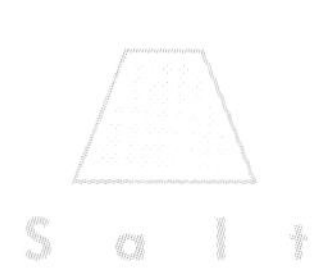

❍ 用料

花蟹4只、香芹2棵、洋葱1/2个、姜4片、蒜5瓣、香菜1棵、干辣椒10g、花椒2茶匙、香叶2片、郫县豆瓣1汤匙、甜面酱1汤匙、生抽1汤匙、醪糟汁2汤匙、白砂糖1茶匙、生粉50g、油200mL

❍ 做法

1- 香芹和香菜分别洗净切成寸段。洋葱切块，蒜拍破备用，干辣椒切成小段。

2- 螃蟹洗净，揭开背壳，去掉鳃毛后斩开成两半，蟹钳拍破。在蟹块上蘸上生粉，尤其是切口部分要蘸满。取一个深锅注入油，大火加热至七成热时，放入蟹块炸至表面金黄，捞出控干备用。

3- 炒锅中注入少许油，大火加热至五成热，放入香叶、干辣椒和花椒翻炒至变色，放入洋葱、姜片、蒜炒出香味，加入郫县豆瓣和甜面酱翻炒均匀。如果过干，可以略加少许水，锅底湿润即可。

4- 然后放入蟹块继续翻炒，调入生抽和醪糟汁，调入白砂糖翻炒均匀。加入香芹段炒至断生，出锅后装饰香菜叶即可。

如今各地的夜市恐怕都可以见到麻辣小龙虾的身影，长沙口味虾可是麻辣小龙虾的鼻祖啊。

口味虾

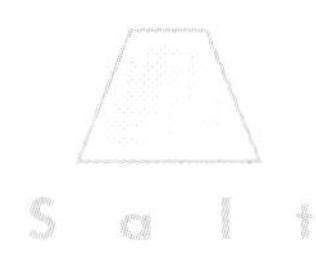

用料

小龙虾 1000g、香菜 2 棵、紫苏 50g、蒜 10 瓣、姜 5 片、八角 1 枚、桂皮 1 小段、香叶 3 片、花椒 1 汤匙、干辣椒 20g、郫县豆瓣 2 汤匙、料酒 2 汤匙、高汤 300mL、油 4 汤匙

做法

1- 小龙虾刷洗干净。紫苏切碎，香菜切段备用。

2- 炒锅中注入油，大火加热至七成热，放入姜片和大蒜以及沥干的小龙虾翻炒至虾壳完全变红，盛出备用。

3- 炒锅中留底油，大火加热至五成热，放入干辣椒段、花椒、八角、桂皮、香叶煸香，然后放入郫县豆瓣炒出红油，放入炒过的小龙虾。

4- 锅中烹入料酒，翻炒片刻后加入高汤，小火炖煮 10 分钟，最后放入紫苏翻炒，出锅时摆上香菜即可。

最家常的做法也可以辣得很过瘾，
使用大尖椒还是小杭椒来制作由你决定。

虎皮杭椒

用料

杭椒 400g、蒜 2 瓣、豆豉 1 茶匙、香醋 2 汤匙、生抽 1 汤匙、白砂糖 2 茶匙、盐少许、油 1 汤匙

做法

1- 杭椒洗净去蒂，蒜切成碎末备用。把糖、醋、生抽、盐混合在一起制成料汁备用。
2- 中火加热一个干净炒锅，锅热后放入杭椒干煸，待表面起皱后盛出备用。
3- 炒锅中加入油，大火加热至六成热时放入蒜末和豆豉炒出香味，然后放入杭椒继续煸炒至全部变色。
4- 调入料汁大火翻炒，汤汁变浓即可。

鲜嫩的白斩鸡浸泡在红艳艳的调料汁里，怎么能让人不流口水？

口水鸡

❍ 用料

三黄鸡1/2只、老姜1块、大葱1段、香葱1棵、蒜2瓣、香菜1棵、熟白芝麻少许、干辣椒碎2汤匙、干花椒碎1汤匙、干豆豉1茶匙、料酒1汤匙、香醋1汤匙、生抽1汤匙、白砂糖2茶匙、盐1茶匙、油3汤匙、芝麻香油少许

❍ 做法

1- 鸡洗净，老姜一半切碎，一半切片，蒜和香葱分别切碎备用，干豆豉切碎，香菜洗净切段备用。

2- 大火烧开一锅水，放入大葱、姜片、料酒、盐，然后放入鸡煮10分钟，熄火后不开盖，继续焖15分钟。捞出后放入冰水过凉。然后取出擦干，抹上芝麻香油备用。

3- 香醋、生抽、白砂糖和少许盐混合成调味汁备用。干辣椒碎、干花椒碎混合后放入碗中。

4- 大火加热炒锅中的油，五成热时取1汤匙倒入装有干辣椒碎和干花椒碎的碗中，搅拌一下，然后再放入姜末、蒜末、干豆豉末。油继续加热油至八成热，倒入碗中搅拌均匀制成红油。

5- 鸡斩成大块放在盘中，淋上调味汁，再淋上红油，最后撒上白芝麻、葱花和香菜段即可。

干锅菜的主料可以是任何材料，宜荤宜素，又香又辣又热，让人欲罢不能。

干锅土豆

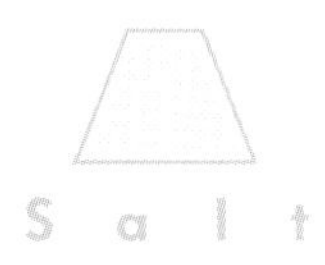

Salt

❍ 用料

土豆1个、红辣椒2枚、五花肉50g、洋葱1/2棵、姜2片、蒜2瓣、青蒜1棵、豆豉2茶匙、花椒1茶匙、辣椒碎1/2茶匙、生抽1汤匙、白砂糖1/2茶匙、油2汤匙

❍ 做法

1- 土豆去皮切成薄片，在淡盐水中浸泡5分钟，捞出沥干。五花肉切片备用。红辣椒切成小片，洋葱切丝，蒜和姜切成小片，青蒜切片备用。

2- 炒锅中注入油，五成热时放入蒜片、姜片、豆豉、辣椒碎和花椒煸炒出香味，然后放入五花肉小火煸至微卷，盛出备用。

3- 炒锅中留底油，大火加热至六成热，放入土豆片翻炒至边缘微焦，放入五花肉，加入生抽和白砂糖翻炒均匀。

4- 然后加入辣椒片、青蒜片翻炒至青蒜断生。干锅中注入少许底油，铺上洋葱丝，把炒好的土豆放在洋葱丝上，连锅上桌即可。

颜色不红的菜并不意味着就不辣，
这道泡椒凤爪可以让人辣出眼泪。

泡椒凤爪

用料

鸡爪6只、泡野山椒1小罐、朝天椒2枚、大葱1段、姜5片、料酒2汤匙、花椒1茶匙、陈皮1小块、桂皮1小块、香叶2片、盐2茶匙、冰糖1汤匙、白醋1汤匙、凉白开适量

做法

1- 取一个深锅，放入泡椒水、姜片、足量冷水和冰糖，大火煮至将开时放入泡椒和剖开的朝天椒，水开立即熄火，调入盐，晾凉备用。

2- 鸡爪切成小块，放入锅中，加入没过鸡爪的冷水大火煮开，再煮5分钟后捞出鸡爪反复冲洗干净。

3- 重新做一锅干净水，水开后放入葱段、姜片、花椒、陈皮、桂皮、香叶和料酒，放入鸡爪煮10分钟左右，捞出鸡爪反复冲凉，最后用凉白开冲洗干净。

4- 在已经完全冷却的泡椒水中加入白醋搅拌均匀，此时可以品尝一下，按自己的口味调整酸甜度，咸度需比平时的口味略重。冲凉的鸡爪浸入泡椒水中，需要完全浸入水面以下，密封冷藏过夜即可。

辣味菜肴并非全部出自川湘，胶东人民也爱辣，他们把最鲜甜的小海鲜和辣椒同炒，吃个痛快。

辣炒花甲

S a l t

❍ 用料

花蛤 500g、干辣椒 5 枚、蒜 2 瓣、姜 1 片、香菜 1 棵、料酒 1 汤匙、生抽 1 汤匙、香醋 1 茶匙、蚝油 1 茶匙、白砂糖 2 茶匙、油 1 汤匙、香油少许

❍ 做法

1- 花蛤冲洗干净后放入水中，加少许香油静养 3 小时以上，捞出后反复冲洗干净。干辣椒掰成小段，蒜切片，香菜切段备用。

2- 炒锅中不放油，大火加热至微微冒烟，放入干净的花蛤翻炒，出水后花蛤会开口，待锅里翻起泡沫后，捞出花蛤备用。

3- 重新加热干净炒锅，注入油烧至六成热，放入蒜片、姜片、干辣椒煸炒出香味，然后调入料酒、生抽、香醋、白砂糖和蚝油翻炒融化，迅速放入花蛤翻炒均匀，汤汁裹匀后装盘，最后撒上香菜。

❖ 花甲是潮汕地区对花蛤的叫法，花甲即花蛤。

“辣么”就酱吧!

文 | 潘晴

如果查字典，会发现“热辣”一词原意是用来“比喻言语、文辞尖锐而富有刺激性”。然而，到底从什么时候开始，这个词的外延开始不断扩大，变得让我们有些浮想联翩？没有别的意思，只是想要用热辣的酱料来烹饪一顿令人感觉热情高涨，辣味昂然的大餐！

网络时代，新词涌现，“辣么”、“就酱紫”一夜蹿红，大有不掌握点网红词汇，简直无法交流的趋势。粗略查证了一下，“辣么”原本是湖南方言，“就酱”原本是福建南平方言，原来网络语言也是有出处的。辣么就酱吧！一起聊聊那些美味的辣酱！

辣椒这种食物实在是非常有个性，品种繁多，味道刺激，做法更是五花八门，是全球人民都热爱的通用食材之一。考古学家推测，早在公元前5000年中南美洲人就开始吃辣椒了，所以辣椒可以说是第一批人类种植的植物。辣椒传入中国的时间比较晚，据说到了明代，我国才有部分地区吃上了辣椒。而有史料记载：贵州、湖南一带最早开始吃辣椒的时间是在清乾隆年间。辣椒算得上是入籍中国最晚却最深入人心的物种之一，也是在中国影响相当广泛的香料。

辣椒缘何能受到全人类的青睐？这是因为辣椒中含有一种叫辣椒素的成分，它对味蕾产生的刺激作用简直可以用“燃烧”来形容，远超过其他调味品，甚至可以让味蕾的敏感度大大提升，自然，也就会让食物更有味道。明确地说，辣味其实不是一种味觉而是一种痛感，享受辣味痛并快乐着。人们对于辣椒的喜爱不言而喻，地球人都在变着法儿制作辣椒酱——不同品种的辣椒，不同的做法，搭配不同的食材……

Salt

世界上到底有多少种辣椒酱没人能统计清楚，我们能知道的是，人们在制作辣椒酱这件事上从未止步，且越走越远……

突尼斯有款名为“哈里萨”的辣椒酱据说是世界上最容易让人上瘾的辣椒酱之一，在突尼斯几乎家家户户都会制作这种以辣椒和番茄为主要材料的辣酱，甚至这盘辣酱单独就能成为一道开胃菜。据说这种辣酱的辛辣程度与女主人对丈夫的爱意成正比。

大多数人最早是在必胜客认识的Tabasco，美式辣椒仔，这也是个有故事的辣酱。20世纪40年代，新奥尔良银行家埃德蒙·麦基埃尼因为爱上了塔巴斯哥辣椒，于是归隐山林开始种起了辣椒，并成功地在经济萧条时靠辣椒生意发家致富。迄今为止，这款辣椒酱仍然是世界上销量最大的辣酱。

食盐
Salt

对于辣的极致追求，人类从来没有停止过，不知道这能不能算是一种强迫症。2007年，“世界上最辣的辣椒”这一称号颁给了印度产的“鬼椒”（bhut jolokia）。到了2011年，夺冠者是英国产的无极辣椒。2012年，同样来自英国的毒蛇椒击败无极辣椒夺魁。而到了2013年，辣度排行榜再度被刷新，美国辣椒卡罗来纳死神成为新一届冠军。据说，这种辣椒比朝天椒的辣度高40倍左右。辣到这个程度还没有完，这四款辣椒都被制作成了辣酱。是的，辣酱。看看国外网站上网友们的评论：“这玩意儿辣得让你心脏停跳，让你呼吸静止。我就是对着水冲一冲沾了辣椒酱的勺子，都辣得满脸是泪。”“这种辣椒酱要是吃下整整一勺，那是要进医院的啊！”

不怕辣的，大可以海淘来尝尝看！正常人类请继续往下看。

香辣牛肉酱

火爆香辣虾

香辣土豆泥

食盐 Salt

毋庸置疑，香辣牛肉酱在我国普及率极高。因为辣酱中“躲藏”着小颗的牛肉粒，让这款辣酱显得更为尊贵。入口时先感觉到的是一种香，那种牛肉被浸润在丰富的香料中的香，然后才是辣，所有香料的味道都被小小的牛肉粒充分吸收。其实，几乎吃不出整粒的牛肉，但却没法忽略牛肉的味道，这恰恰是这款辣酱的独特之处。不管是拿来拌面、拌菜、拌饭，还是制作蘸料、夹馒头……一切做法都毫无违和感，完全是一款神级搭配的辣酱。品牌？就不告诉你。

火爆香辣虾

❍ 用料

青虾 10 只、香辣牛肉酱 1 汤匙、大葱 1 段、生姜 5 片、花椒少许、干辣椒少许、生抽 1 汤匙、醋 2 茶匙、料酒 1 汤匙、白糖 1 汤匙、油少许

❍ 做法

1- 大虾开背挑去虾线，放少许料酒和姜腌制 15 分钟。葱洗净切段备用。

2- 锅内放少许油，放入花椒和干辣椒炒出香味后捞出，然后放姜片炒香，放入糖、香辣牛肉酱，少许生抽一起翻炒均匀，倒入大虾，待虾变色后，下葱段爆炒，出锅前淋少许醋即可。

香辣土豆泥

❍ 用料

土豆（中等大小）1 个、黄油 10g、香辣牛肉酱 2 汤匙、白胡椒粉少许、盐少许

❍ 做法

1- 在土豆中间用小刀划一刀，但不要划太深。锅内加水，放入土豆煮熟。

2- 煮好的土豆，捞出控干，去皮，趁热用大勺子压成泥。

3- 加入软化好的黄油、白胡椒粉和盐搅拌均匀。

4- 最后在土豆泥上淋上香辣牛肉酱即可，如果想要土豆泥的味道更醇厚，也可以在步骤 3 加入少许淡奶油一起搅拌。

郫县豆瓣酱

干锅散花
香辣藕丁

食盐 Salt

在川菜中，有近一半的菜都用到了豆瓣酱，就连那红艳艳的麻辣火锅底料也离不开豆瓣酱的身影。而其中郫县豆瓣酱更被称为“川菜之魂”。郫县顾名思义是其产地，而豆瓣酱也点出了除辣椒之外，另一位主角的身份：新鲜的蚕豆。蚕豆的大豆瓣整颗整颗地躺在红艳艳地黏稠汤汁中，浸润了辣椒的味道，再加上自己的鲜味，令这款并不以辣度取胜的辣酱有了一种独特的魅力。

干锅散花

用料

散菜花 300g、五花肉 50g、香芹 2 根、干辣椒 5 根、花椒 10 粒、姜 2 片、葱 1 小段、蒜 1 瓣、香叶 1 片、郫县豆瓣 1 汤匙、盐少许、生抽 1 汤匙、白砂糖 1 茶匙、油 1 汤匙

做法

1- 五花肉洗净沥干水分，切成薄片备用，葱切片，蒜切片，干辣椒用手掰碎。

2- 菜花撕成小朵，洗净后沥干水分，香芹洗净切成小段，郫县豆瓣用刀切碎。

3- 锅内放少许油，下入五花肉片，小火煎至肉里的油渗出，将肉盛出备用。

4- 将郫县豆瓣下入油锅，中小火炒出红油后，放入干辣椒、花椒、香叶，翻炒均匀，接着放入葱、姜、蒜片炒香，放入菜花，大火炒 4 分钟至菜花变软，放入五花肉、香芹段，加生抽、糖、盐翻炒均匀即可。

香辣藕丁

用料

莲藕 1 节、葱适量、干辣椒 4 根、姜 2 片、郫县豆瓣 1 汤匙、生抽 1 汤匙、老抽 1 茶匙、盐少许、糖少许、油 1 汤匙

做法

1- 莲藕洗净去皮，切成小丁，放入沸水中焯烫约 10 秒盛出沥干水分。

2- 葱切葱花，郫县豆瓣切碎备用。

3- 锅内放油，下葱花、姜片和干辣椒段爆香锅底，下入郫县豆瓣炒出红油。

4- 放入藕丁，翻炒 1 分钟后，放入生抽、老抽、糖、盐调味后，继续翻炒片刻即可。

剁辣椒酱

剁椒金针菇

剁椒拌皮蛋

到底是剁椒成就了湘菜还是湘菜捧红了剁椒，已无从考证，反正只要听见剁椒鱼头，任谁都知道这是地道的湘菜。其实，剁辣椒酱在湖南的用途远非如此。湖南几乎家家户户到了秋天都要制作剁辣椒酱，将自然变红的辣椒剁碎，加盐、大蒜、生姜拌匀，放入密封容器中腌制大概一个月左右，到了冬季就能拿来直接拌米饭或者蒸炒菜肴，咸鲜辣味中自带一股清香气。剁辣椒酱具有强大的兼容性，不管是鱼头还是大白菜，几乎能与任何食材组合出美味。

剁椒金针菇

❍ 用料

金针菇 300g、剁椒 4 茶匙、蒸鱼豉油 3 茶匙、香葱 2 棵、油 1 汤匙

❍ 做法

1- 金针菇剪去根部，洗净沥干水分，整齐地码在盘子中，将剁椒平铺在金针菇上。
2- 蒸锅加上水，大火烧开，金针菇入锅大火蒸 5 分钟。出锅后将蒸出的汁倒掉。
3- 小葱切末，撒在剁椒上，浇上一些蒸鱼豉油。
4- 另起一锅，将油烧至九成热，浇在金针菇上即可。

剁椒拌皮蛋

❍ 用料

皮蛋 2 个、剁椒 2 汤匙、香葱 1 棵、香菜 1 棵、蒜 1 瓣、酱油 1 茶匙、熟花生仁和白芝麻各少许、红油 1 汤匙、油 1 汤匙

❍ 做法

1- 皮蛋剥去皮切成瓣，码在盘中。
2- 葱、蒜、香菜洗净沥干水分，切成碎末备用。
3- 花生压成碎末，撒在码好的皮蛋上。
4- 锅内放油，大火烧至五成热，下入剁椒和蒜蓉翻炒到蒜蓉金黄，盛出倒在皮蛋上。
5- 撒上白芝麻、葱花和香菜碎，最后加入少许酱油、红油拌匀即可。

黄灯笼椒酱

食盐 Salt

黄灯笼椒酱爆肥蛏

金汤肥牛

黄灯笼辣椒酱的颜色是那种明艳艳的明黄，颇有些皇家的气势，也正是这种颜色，令人容易错误估计它的辣度，实际上它是非常辣的，入口之后，辣味醇浓直冲入喉，细品却发现，并不呛人，反而有种独特的香味。这种香来自海南特有的黄灯笼椒，这种美味又美艳的辣椒制作的辣酱，被用于很多菜式的烹饪，尤其是用来缔造颜值超高的“金汤”。

黄灯笼椒酱爆肥蛏

用料

蛏子 500g、海南灯笼椒酱 2 汤匙、姜 5 片、蒜 5 瓣、香葱 5 根、料酒 1 汤匙、盐少许、油 1 汤匙

做法

1- 蛏子洗净，放清水中养半天，可以在清水中滴入几滴油，让蛏子吐尽泥沙。

2- 葱切段，姜、蒜切片备用。

3- 锅中注入油，大火加热至六成热，下葱、姜、蒜爆香，放入黄灯笼椒酱炒开，下蛏子翻炒，烹入少许料酒，翻炒片刻，待蛏子张开壳，调入适量盐翻炒均匀即可。

金汤肥牛

❍ 用料

肥牛卷 250g、金针菇 1 把、姜 1 片、蒜 1 瓣、青红美人椒适量、黄灯笼椒酱 2 汤匙、泡野山椒汁 100mL、高汤 250mL、盐少许、油 1 汤匙

❍ 做法

1- 金针菇洗净沥干水分，放入滴了植物油的沸水中焯烫熟捞出。
2- 另起一锅，烧开水，下入肥牛片，烫至变色捞起备用。
3- 姜、蒜洗净切末，青红尖椒洗净切圈备用。
4- 取一大碗，将烫好的金针菇铺在碗底。
5- 锅内放油，待烧至七成热时下入姜蒜末和青红椒圈爆香，然后下黄灯笼椒酱翻炒 10 秒钟，倒入高汤，加入少许盐调味，倒入烫好的肥牛片，加入泡野山椒汁略煮。
6- 将肥牛捞出码放在金针菇上，然后将汤汁倒入大碗即可。

韩式辣酱

韩式部队锅
韩式辣酱烤鸡翅

有些食客一直就有点看不起韩式辣酱，觉得它总在“辣吗”“不辣吧”之间徘徊。的确，由于韩式辣酱在制作中多添加苹果、梨之类的水果，令辣酱的口感带有一种水果的清甜，让人禁不住忽略它的辣度。其实，韩式辣酱种类非常多，也有很辣的品种，千万不可一概而论。韩式辣酱最突出的用途还是腌制泡菜，其次才是制作菜肴，非常著名的韩式部队锅就少不了这款辣酱的身影。

韩式部队锅

用料

韩式辣酱 4 汤匙、辛拉面 1 包、午餐肉 4 片、热狗肠 1 根、蟹肉棒 5 根、西葫芦 30g、年糕 80g、金针菇 1 把、洋葱 1/2 个、韩式泡菜 80g、鸡蛋 1 个、车打芝士 30g、生抽 1 茶匙、芝麻少许

做法

1- 洋葱洗净切片，与韩式泡菜一起码放在砂锅底部。
2- 将辛拉面的调味料包取出拌入韩式辣酱中备用。
3- 午餐肉、热狗肠切片，西葫芦洗净切片，金针菇洗净。
4- 依序将午餐肉片、热狗肠、蟹肉棒、西葫芦片、金针菇、年糕等材料铺入锅中，中间放入辣酱，倒入高汤，加适量生抽煮开。
5- 辛拉面放在表面上，铺上芝士片，中火煮 2 分钟，待芝士融化，磕入一个鸡蛋，撒上芝麻，关火盖上盖子焖熟即可。

韩式辣酱烤鸡翅

❍ 用料

鸡翅 8 只、韩国辣酱 4 汤匙、盐和黑胡椒少许、白砂糖 2 茶匙、老抽 1 汤匙、料酒 1 汤匙、蜂蜜少许

❍ 做法

1- 鸡翅洗净沥干水分，加入韩式辣酱、盐、黑胡椒、糖、老抽、料酒腌制 24 小时，腌制的过程中，隔一段时间用手揉搓下鸡翅，令其更入味。

2- 烤箱内铺上烹调纸，将鸡翅码入其中，向上的一面刷上一层蜂蜜。

3- 烤箱预热 150 摄氏度烤 40 分钟，中间给鸡翅翻个面，并刷上一层蜂蜜。

日式青芥末酱

香煎三文鱼柳配日式芥末酱
日式藜麦鸡胸沙拉

芥末对某些人而言可能是一场“头脑的灾难”，入口便有一股冲劲儿直达头顶，以至于鼻子眼睛一起跟着“表达意见”。但随后，就能感受到一股清爽。多数人认识日式的青芥末酱都是通过刺身，其实，这种辣酱的用途非常广泛，厨师们会用它来拌荞麦面，或者是在制作沙拉酱时也加入一些来提升食欲。而那些用它来抹面包的人，应该是真爱。

香煎三文鱼柳配日式芥末酱

用料

三文鱼柳 1 块、海盐少许、淡奶油 2 汤匙、日式芥末酱适量、薄荷叶 2 片、橄榄油 1 汤匙

做法

1- 三文鱼柳撒上海盐腌制 10 分钟备用。
2- 取平底锅，大火加热待锅冒烟时，倒入橄榄油，然后把三文鱼鱼皮向下放入锅中，小火煎 3 分钟，然后翻面再煎 3 分钟。
3- 将淡奶油用小勺淋在三文鱼上再煎片刻。待鱼煎好后取出摆盘，挤上日式芥末酱，装饰上薄荷叶即可。

日式藜麦鸡胸沙拉

❍ 用料

鸡胸肉 200g、甜豌豆 1 把、圣女果 10 颗、黄瓜 1 根、藜麦 1/2 杯、胡萝卜 1 根、盐少许、黑胡椒粒少许、和风沙拉醋 2 汤匙、日式芥末酱 1/2 茶匙、橄榄油 1 汤匙

❍ 做法

1- 鸡胸肉洗净，用牙签扎些小孔，然后切成小块，撒入少许盐和黑胡椒碎腌制 2 小时。
2- 平底锅烧热加入橄榄油，下鸡胸肉煎至金黄色盛出放凉，手撕成鸡丝备用。
3- 另起一锅，锅内放水烧开后放入藜麦煮 12 分钟左右至熟，盛出沥干水分备用。
4- 锅内放入清水烧开，下甜豌豆焯熟盛出沥干水分备用。
5- 黄瓜、胡萝卜、圣女果洗净沥干水分，黄瓜切成小丁，胡萝卜切成细丝，圣女果对半切开。以上 3 种食 材全部放入大碗中，顶端摆放鸡胸肉丝。
6- 取一个小碗加入日式芥末酱和和风沙拉醋搅拌均匀。淋在大碗中的食材上即可。

泰式冬阴功酱

冬阴功烤杏鲍菇
冬阴功海鲜炒饭

冬阴功酱在泰国菜中的地位卓绝，几乎是初尝泰餐时的必选，冬阴功酱酸辣味的组合很独特，因为它的酸来自青柠，是一种自然又带有果香的酸，与任何品种的醋带来的酸味都截然不同，这种清爽的酸多多少少中和了些辣味的冲劲，让冬阴功酱的口味变得含蓄了一些，也就令其具有了更强的包容性，不论是直接煮冬阴功海鲜汤，还是拿来炒菜炒饭都显得非常和谐。如果是煮冬阴功汤，记得搭配些椰奶，椰奶的丰润口感，会令其变得更醇厚。

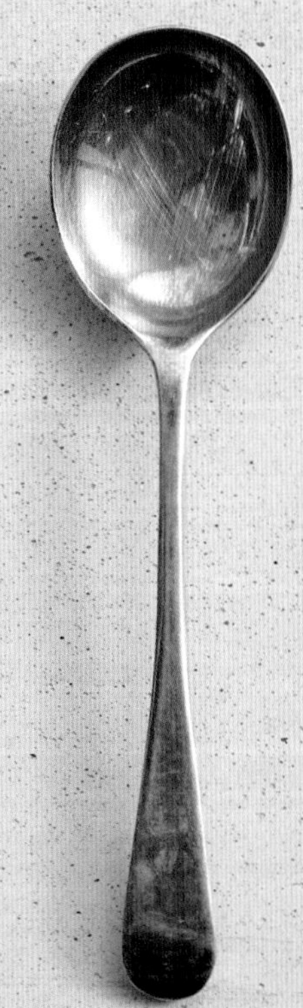

冬阴功烤杏鲍菇

❍ 用料

杏鲍菇 400g、冬阴功酱 10g、蚝油 2 茶匙、孜然少许

❍ 做法

1- 杏鲍菇洗净切成薄片，放入冬阴功酱、蚝油拌匀腌制 30 分钟。
2- 将腌好的杏鲍菇片整齐地码入铺了锡纸的烤盘，均匀地撒上少许孜然。
3- 烤箱预热至 170 摄氏度，烤 15 分钟即可。

冬阴功海鲜炒饭

❍ 用料

隔夜米饭 1 碗、冬阴功酱 2 汤匙、海虾仁 50g、鸡蛋 1 个、青柠 1/2 个、甜豌豆和甜玉米粒少许、盐少许、油 2 汤匙

❍ 做法

1- 用一个小煮锅烧开一锅水，放入甜豌豆汆烫至变色。
2- 大火加热炒锅中的油，五成热时放入虾仁翻炒至变色盛出备用。
3- 炒锅中留底油，鸡蛋打散，放入锅内炒散盛出备用。
4- 锅内再放少许油，加入冬阴功酱小火翻炒出香味，倒入米饭炒匀，加入豌豆、玉米粒翻炒至熟。
5- 最后加入鸡蛋、虾仁、少许盐翻炒均匀，出锅挤上少许青柠汁。

美式辣椒仔辣酱

墨西哥玉米片沙拉
飘香辣毛豆

Tabasco美国辣椒仔辣酱是有历史也有故事的辣酱。它被宇航员带到过外太空，跟着美国士兵去过很多地方，也曾经和口红、香水等物品一起被希拉里·克林顿放在自己的手提包里……这种辣酱的质地比较稀，准确地说应该是辣椒汁，除了纯粹的辣味之外，还带着些许的酸甜味，特别适合搭配美式的炸鱼、炸鸡、炸蔬菜等食用。

墨西哥玉米片沙拉

用料

墨西哥玉米片200g、樱桃番茄5个、红葱头1个、美国辣椒仔1茶匙、海盐少许、番茄沙司1汤匙、百里香适量、牛油果1/2个

做法

1- 樱桃番茄、红葱头洗净切碎备用。
2- 牛油果取肉，压成泥备用。
3- 取一只碗，倒入樱桃番茄、洋葱碎和牛油果泥，加入美国辣椒仔、盐、番茄沙司、百里香拌匀，用玉米片蘸食即可。

飘香辣毛豆

用料

毛豆500g、蒜5瓣、美国辣椒仔2茶匙、花椒油1茶匙、醋1汤匙、盐1汤匙、酱油1茶匙、糖1汤匙、油少许

做法

1- 毛豆剪去两头，洗净沥干水分，加入盐抓匀腌制约1小时。
2- 锅内放水，水中滴入几滴油，水开后放入毛豆，不加盖用大火煮5分钟，捞出马上放入冷水浸泡。
3- 蒜洗净切末放入碗中，加入美国辣椒仔、花椒油、醋、盐、酱油、糖拌匀，把调味汁淋在沥干的毛豆上，食用时翻拌均匀即可。

印度黄咖喱酱

黄咖喱青口
黄咖喱鱼蛋

食盐 Salt

众所周知，咖喱起源于印度等南亚国家，然而，这些国家原来却并没有“咖喱”一词，而curry 这个词也是由英国人发明的。在著名的《牛津食品指南》一书中，咖喱的特点被定义为：“添加众多香料的咸味食物”。的确，印度的咖喱，多则添加几十种香料，少的也要至少添加十几种，当然，其中必须有辣椒。如此丰富的香料组合，使得印度的咖喱有着非常复杂的味道，让人很难用言语来描述。

黄咖喱青口

用料

印度黄咖喱 2 汤匙、青口贝 300g、大蒜瓣 8 瓣、洋葱 1/2 个、胡萝卜 1/2 根、香叶 3~5 片、淡奶油 100mL、白砂糖 1 茶匙、盐少许、橄榄油 1 汤匙

做法

1- 洋葱、胡萝卜、青口贝洗净沥干水分备用。大蒜切末，洋葱、胡萝卜切丝。
2- 炒锅内倒入橄榄油，中火烧至六成热；下蒜末爆香，然后放入洋葱丝、胡萝卜丝、青口贝翻炒出香味。
3- 倒入咖喱酱、香叶、淡奶油、糖和盐，盖上锅盖小火煮 3~5 分钟即可。

黄咖喱鱼蛋

用料

速冻鱼丸 100g、印度黄咖喱酱 3 汤匙、洋葱 1/2 个、大蒜瓣 4 瓣、油 1/2 汤匙

做法

1- 鱼丸解冻备用。大蒜切末，洋葱洗净沥干水分，切碎。
2- 锅内放油，大火烧至五成热，放入蒜末和洋葱碎爆香，放入咖喱炒出黄油，然后加入 2 杯水煮开，放入鱼丸加盖焖煮。
3- 鱼丸全部漂浮变大后即可关火，盖着锅盖再焖 5~10 分钟让它更加入味。

HOT BARBECUE
欢 辣 小 烧 烤

火越烧越旺，辣越吃越 high，火辣辣的小烧烤最是嗜辣者的心头好，刚出炉的美味，荤素不忌，迫不及待入口，不知是辣的作用还是热的作用，即便吸着凉气也要大快朵颐。

泰式香茅鸡肉串

用料

鸡大腿 2 个、香茅草 4 棵、柠檬叶 1 把、南姜 1 小块、蒜 4 瓣、香菜 1 大把、小米辣 2 枚、鱼露 3 汤匙、生抽 2 汤匙、橄榄油 2 汤匙、柠檬汁 1 汤匙、棕榈糖（可用砂糖代替）2 汤匙

做法

1- 取三棵香茅草斜着切成 15cm 长的小棒，一共切 6 支，另切碎一棵香茅草的白色部分备用。

2- 香茅草碎、柠檬叶、香菜、南姜、大蒜略切小块放入食品处理机，加入 2 汤匙鱼露、2 汤匙生抽，搅拌成酱状。

3- 鸡大腿去骨去皮，切成 3cm 见方的块，加入酱料混合均匀，用香茅草小棒串起来，刷一层橄榄油，放在炭火上烤至熟透。

4- 把剩余的 1 汤匙鱼露放入小碗，加入小米辣碎、柠檬汁和棕榈糖，调入 1 汤匙凉白开和烤好的鸡肉串一起上桌即可。

如果家中无法炭火烧烤，也可以用厚底扒锅扒制，或送入预热至 190 摄氏度的烤箱中烤制 15 分钟左右。

泰式香茅鸡肉串▶

麻辣鸡翅

◑ 用料

鸡翅中 10 个、大葱 1 段、生姜 1 块、生抽 1 汤匙、老抽 1 汤匙、料酒 1 汤匙、辣椒碎适量、花椒碎适量、花椒 1 茶匙、盐少许、蜂蜜 1 汤匙

◑ 做法

1- 大葱和姜分别切片。鸡翅洗净擦干，两边划两刀，加入生抽、老抽、料酒、盐、葱、姜、蜂蜜、花椒拌匀腌渍 3 小时。

2- 烤箱预热至 180 摄氏度，取出鸡翅，捡出多余的姜片、葱片和花椒粒，把鸡翅放在烤架上送入烤箱烤 15 分钟。

3- 在鸡翅两面刷少许蜂蜜，然后蘸满辣椒碎和花椒碎，送入烤箱再烤 5 分钟即可。

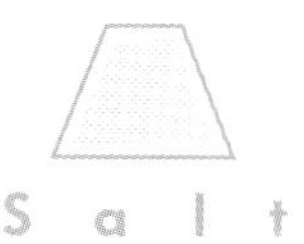

剁椒烤扇贝

❍ 用料

扇贝6枚、剁椒2汤匙、香葱1棵、姜1片、生抽1汤匙、白砂糖2茶匙、油1汤匙

❍ 做法

1- 扇贝洗净剖开，剁椒切碎，姜切碎，香葱切成葱花备用。
2- 炒锅中注入油，大火加热至六成热时放入姜末煸香，然后放入剁椒碎炒出红油，调入生抽、白砂糖后盛出备用。
3- 扇贝放入烤盘中，在每个扇贝上放一些炒好的剁椒酱，然后送入预热至190摄氏度的烤箱烤10分钟，取出后撒上葱花即可。

辣烤蚬子

用料

黄蚬子500g、朝天椒2枚、香菜2棵、蒜2瓣、姜1片、洋葱1/2个、香芹50g、生抽1汤匙、黄酒1汤匙、盐少许、香油少许、油1汤匙

做法

1- 黄蚬子放入水中，滴入少许香油静置3小时，吐净泥沙。朝天椒、姜、蒜、洋葱、香芹、香菜分别切碎备用。

2- 在一个浅烤皿中放入黄蚬子，加入所有调料和除香菜以外的配料，盖上锡纸，送入预热至200摄氏度的烤箱中层烤15分钟。

3- 取出后去掉锡纸，翻拌均匀，然后撒上香菜即可。

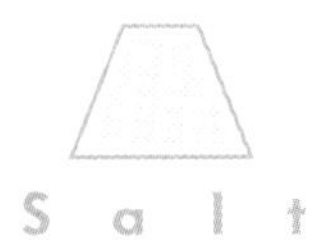

沙嗲猪肉串

❍ 用料

猪梅肉 300g、沙嗲酱 2 汤匙、红葱头 2 个、蒜 2 瓣、香菜 1 棵、盐少许、白砂糖 2 茶匙、油 1 汤匙

❍ 做法

1- 红葱头、蒜、香菜洗净，加入盐、糖和油，用食品处理机搅拌成泥状。

2- 猪梅肉切成 2.5cm 见方小块，调入搅拌好的香料泥腌渍 30 分钟，然后用竹签串起。

3- 烤箱预热至 200 摄氏度，放入猪肉串烤 10 分钟，取出刷上沙嗲酱再烤 10 分钟即可。

辣椒鸡皮串

❍ 用料

鸡皮 200g、杭椒 12 枚、伏特加酒 1 汤匙、盐少许

❍ 做法

1- 鸡皮洗净，剔除多余油脂，切成 2cm 宽的长条，涂上少许盐和伏特加酒备用。

2- 取一只竹签，先从鸡皮一端穿入，然后串上两枚杭椒，用鸡皮环绕杭椒一直到竹签尖端，固定在竹签上。

3- 穿好的鸡皮串放在炭火上烧烤，鸡皮金黄微焦即可。

如果家中无法炭火烧烤，也可以用厚底扒锅扒制，或送入预热至 200 摄氏度的烤箱中烤制 15 分钟左右。

◀黑胡椒牛肉串

黑胡椒牛肉串

❍ 用料

菲力牛排 300g、酸奶 1 杯、薄荷叶 1 把、黑胡椒碎 1 汤匙、盐少许、油少许

❍ 做法

1- 菲力牛排切成 2.5cm 见方的块，薄荷叶切碎，在牛肉块中加入酸奶、盐和薄荷叶碎抓拌均匀，腌渍 1 小时。

2- 把扒锅或厚底烤盘在明火上烧热。牛肉要串在竹签上，表面沾满黑胡椒碎。

3- 在扒锅中刷少许油，把牛肉串放在扒锅中每面扒烤 1 分钟即可，完成后可以蘸额外的酸奶薄荷酱食用。

食盐
HOT
BARBECUE
-
欢辣小烧烤

香辣烤鱼皮

❍ 用料

三文鱼皮 80g、伏特加酒 1 汤匙、干辣椒碎适量、黑胡椒碎少许、盐少许

❍ 做法

1- 三文鱼皮洗净擦干，擦上伏特加酒和盐腌渍片刻，然后切成条状，用小竹签穿起来固定。

2- 烤箱预热至 200 摄氏度，在烤盘中铺上烹调纸，放上三文鱼皮送入中层烤 10 分钟。

3- 取出撒上辣椒碎和黑胡椒碎，继续烤 5 分钟即可，上桌时撤掉竹签。

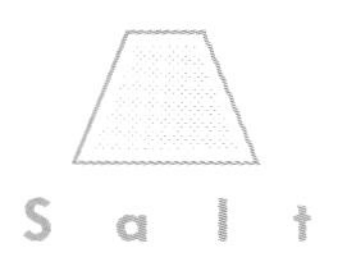

孜然金针菇

❍ 用料

金针菇200g、蒜2瓣、香葱1棵、生抽1茶匙、白砂糖1茶匙、辣椒粉1/2茶匙、孜然1/2茶匙、盐少许、油1汤匙

❍ 做法

1- 金针菇洗净，去掉老根，放在锡纸上。蒜捣成蒜泥，和其他调料一起撒在金针菇上。
2- 烤箱预热至200摄氏度，用锡纸把金针菇包好，放入烤箱烤10分钟，然后揭开锡纸，再烤5分钟，让金针菇表面干爽一些即可，出炉后撒上葱花。

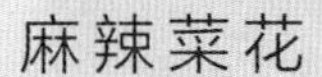

麻辣菜花

❍ 用料

菜花300g、干辣椒碎1茶匙、花椒碎1茶匙、孜然1/2茶匙、盐1茶匙、油1汤匙

❍ 做法

1- 菜花洗净，掰成小朵，加入盐和油拌匀腌渍片刻。

2- 烤箱预热至200摄氏度，在菜花中拌入其他调料，放入烤箱烤至边缘金黄即可。

培根烤辣椒

❍ 用料

尖椒 6 个、培根 100g、鱼豆腐 12 个、Tabasco 辣椒仔少许

❍ 做法

1- 尖椒洗净，切成和培根一样宽的段。用培根包裹住尖椒，里面再塞入一块鱼豆腐，穿好竹签备用。

2- 把串好的培根辣椒串直接放在炭火上烧烤。也可以把烤箱预热至 180 摄氏度后，把培根辣椒串放在烤架上，送入烤箱中层烤 15 分钟。最后淋上 Tabasco 辣椒仔。

魔鬼烤肠

❍ 用料

热狗肠 6 根
朝天椒 2 枚
蒜 2 瓣
香菜 1 棵
黑胡椒碎少许
白砂糖 1 茶匙
盐少许
橄榄油 1 汤匙

❍ 做法

1- 在热狗肠表面划些刀口以便烧烤时入味。朝天椒切碎，蒜切小块，香菜洗净切段。
2- 把朝天椒、蒜、香菜、盐、白砂糖放入石臼，捣烂成泥状，然后调入橄榄油和黑胡椒碎。
3- 在热狗肠上涂抹调味酱，然后放在烧烤架上烤熟即可，这一步也可以用预热至 200 摄氏度的烤箱烧烤。

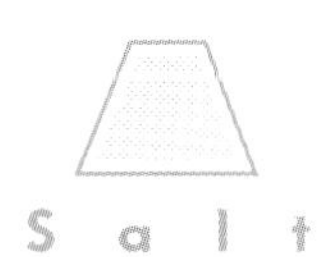

NEW WAY TO SPICY
这么吃更热辣！

文＆图 | 潘晴

喜食辣的人对于完全不沾辣的人，往往带有一种优越感。你常常能在餐桌上听到这样一种说法："啊？你不吃辣啊！那你少了一种享受啊！"吃辣是享受吗？也许是，是一种味觉的刺激享受，然而，哪怕是这样的享受，偶尔也是需要一些新鲜感的，而增加吃辣的新鲜感，你需要一点套路：只需小小的改变，往往就能让热辣享受翻倍。

既然喜欢吃辣，那么就随便吃呗，反正是在做自己喜欢的事，为什么还需要新鲜感，还需要套路？当然需要！每天只是拿辣酱拌个饭是吃辣，而用各种辣椒烹饪出多变的美味也是吃辣，这两种辣，你更想怎么吃？

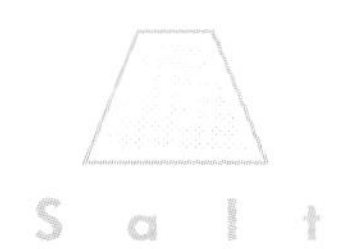

❖ 买了新衣服、新鞋子，新包包是不是都恨不得第一时间就用上？厨房里出现了新鲜事物效果也一样。哪怕已经懒了很久没下厨，也会因为一款新鲜的厨具，或者是一瓶全新的辣酱而忽然就充满了激情……当然，我不是鼓励你花钱，但很多特别的厨具和调料的确能给我们带来不一样的烹饪体验，同时激发我们的烹饪热情，东西都买了，难道还能不做吗？

消费带来的激情四射

全新食材剥皮辣椒
——剥皮辣酱蒸鸡腿

❍ 用料

去骨鸡腿 1 只、干香菇 5 朵、鲜香菇 3 朵、红色彩椒 1/3 颗、剥皮辣椒 50g 、生粉 1 茶匙、生抽 1 汤匙、料酒 1 茶匙、香油 1 茶匙

❍ 做法

1- 干香菇洗净，用温水泡软备用。鲜香菇洗净去蒂切片，彩椒洗净切片备用。剥皮辣椒剁碎。

2- 鸡腿洗净，切成小块，调入少许料酒、生粉、生抽和香油抓拌均匀。

3- 取一大盘，将鸡腿均匀码入，并将干香菇、鲜香菇和彩椒片撒在鸡腿上，然后均匀淋上剥皮辣椒碎，待蒸锅中水开后入内蒸 10 分钟即可。

❖ 不论是从什么角度看，只要是在烹饪领域里学到了某一项新技能，哪怕是尝试一种新厨具，都能令你的烹饪热情无限极飙升，当然，对吃的热情也瞬间高涨。因为这项全新的技能会让你有种跃跃欲试的冲动，你需要反复练习，让它真正被你掌握，而吃掉你用这个新技能制作的食物则是你对这一技能成果的检验过程。

尝试一种新厨具

全新厨具塔吉锅——塔吉香辣焖鸡翅

❍ 用料

鸡翅 600g、土豆 100g、红薯 100g、胡萝卜 50g、大蒜 5 瓣、香葱 1 根、白砂糖 2 茶匙、盐少许、生抽 1 汤匙、料酒 1 汤匙、胡椒粉 1 小撮、辣椒粉 1 茶匙、油少许

❍ 做法

1- 将鸡翅洗净沥干水分，在上面用刀切两条小口后放入一个盆中备用。

2- 将糖、盐、生抽、料酒、胡椒粉、辣椒粉混合，然后均匀地涂抹在鸡翅上，用保鲜膜覆盖好，放入冰箱冷藏过夜。

3- 香葱洗净切碎，土豆、红薯和胡萝卜洗净沥干水分，切成长条备用。

4- 在塔吉锅里倒少许油，在锅底抹匀，放入蒜瓣，然后将土豆、红薯和胡萝卜条整齐地码放在锅底，再将腌好的鸡翅码在上面。

5- 盖上锅盖，大火加热 10 分钟左右，关火，用余温再焖 5 分钟。

6- 打开锅盖，撒上葱花即可。

❖ 总觉得，美有时候像一种病毒，还未靠近已经传染。有时候又仿佛一种说不清道不明的情绪，一见钟情、一见倾心这样热烈的情感很大程度上都与美有关。如果一道充满了“颜值正义”的食物摆在你面前，我猜，你自然乐意去品尝。但如果是只有颜值的菜式，再美也只能是过眼云烟。菜的终极道理是味道，只有真正美味的菜才会让人爱到极致，爱到渴望一次又一次地与之相遇，并乐意回到家之后，在自己的厨房里完美地“复刻”它！

颜值正义很重要，但味道才是道理中的道理

好味道总是能带来小惊喜——麻婆茄子饭

❍ 用料

长茄子150g、肉馅50g、香葱1棵、姜1片、蒜1瓣、朝天椒1枚、郫县豆瓣1/2汤匙、米酒1汤匙、生抽1汤匙、糖1/2汤匙、淀粉1汤匙、水1杯、香油1汤匙、花椒粒少许、油适量

❍ 做法

1- 茄子洗净沥干水分，切成0.5cm厚的圆片，并在表面划出花刀切口，葱、姜、蒜、红辣椒洗净切末备用。

2- 锅内放油，大火下茄子炸约1分钟，取出后沥干油分备用。淀粉加水调匀备用。

3- 另起一锅，加适量油烧热，先下葱、姜、蒜、辣椒末爆香，然后放入肉末、郫县豆瓣炒至香气溢出，再加入米酒、生抽、糖及1杯水煮沸。

4- 加入炸好的茄子，煮约3分钟，用淀粉水勾芡后关火，将其扣在准备好的白饭上。

5- 最后，烧热锅，加入1汤匙香油，爆香少许花椒粒，趁热淋在茄子上即可。

❖ 为什么小孩子眼中的世界充满了惊喜，而成人眼中的世界却大多平淡无奇？最根本的原因就是好奇心缺失。能带领我们发现新奇事儿的好奇心在成长的过程中，慢慢消失，让我们对一些一直存在着的小小美好视而不见。好奇心是保持热情的根源，在烹饪中也不例外。还是那个已经吃过无数次的食材，何不试试一种全新的烹饪方法？

食材还是那个食材，做法不是那个做法

食盐 Salt

真的，差点就把意面玩坏——怪味意面

❍ 用料

意大利面 300g、大蒜 3 瓣、香菜适量、朝天椒 2 枚、芝麻酱 50g、生抽 40g、白酒醋 20g、糖 30g、辣椒油少许、花椒粉 5g、综合香草适量、盐少许

❍ 做法

1- 大蒜、香菜、辣椒洗净沥干水分，分别切末备用。

2- 芝麻酱加水调匀后，加入生抽、白酒醋、糖、辣椒油、花椒粉、大蒜末、香菜末和辣椒碎拌匀备用。

3- 取一锅加水煮沸后，加入少许盐，下意大利面煮 8~10 分钟，中间最好能不断搅动，避免粘锅。

4- 捞出煮熟的意面沥干水分，加调好的芝麻酱拌匀，撒上综合香草即可。

❖ 八卦缘何能一夜之间传遍大街小巷？因为八卦本身就是一件新鲜事，传播全凭人们的一颗寻根究底的心！食物与食物之间的搭配亦如坊间的八卦新闻。当你惊叹某某怎么可能跟某某走在一处时，是否也可以为你的锅中食材找寻些看似完全不搭界的另一半！缘分有时候就在一念之间。谁规定热狗只能配面包？年糕对热狗的表白同样让人叹为观止。

它和它在一起啦

年糕和热狗！这得算跨国恋吧？——年糕热狗串

用料

年糕条适量、热狗肠 6 根、郫县豆瓣 1 汤匙、香油 1/2 汤匙

做法

1- 将年糕条对半切开，热狗肠切成和年糕一样宽的厚片。
2- 每段年糕中夹入一条热狗肠，用竹签穿过固定。
3- 烤盘上铺上锡纸，将串好的年糕热狗串摆入，均匀刷上郫县豆瓣酱和香油，烤箱预热到 180 摄氏度，烘烤 10 分钟左右即可。

❖ 任何事，哪怕是最热爱的事，也敌不过一个累字！身心俱疲时，除了睡觉恐怕什么事儿都不想再花精力去做了！这时候，在你的菜谱中必须有那么几款简单、美艳，同时又美味的菜式，几分钟搞定一餐，安抚了躁动的胃，才能更好地约会周公不是吗？

最偷懒但最美味

分分钟搞定，不能更懒了
——凉拌青木瓜

❍ 用料

青木瓜 80g、海米 15g、西红柿 1 个、洋葱 1/4 个、香辣花生米 15g、香菜少许、泰式甜辣酱 2 汤匙、柠檬汁 1 汤匙、小米辣 2 枚

❍ 做法

1- 青木瓜去皮去籽后擦丝。海米用温水浸泡约 10 分钟后沥干，用刀背拍松备用。

2- 西红柿洗净切片，洋葱去皮切丝。花生米压碎。香菜和小米辣切碎备用。

3- 取一大碗放入上述所有食材，加泰式甜辣酱和柠檬汁拌匀即可。

❖ 秀，其实是一种分享。美味的食物出现在朋友圈中，因为它的美貌或者创意接受着朋友们或艳羡或惊叹的点赞，对于这种食物的创造者——你而言，其实是一种激励！而这份激励则自然而然化作了一份热情，让你更有动力坚持下去。毕竟，昨天收到了 48 个赞，明天难道不应该收获 60 个吗?

变种传统菜

炸响铃？那只是它的前世
——香酥口口脆

❍ 用料

腐皮 2 张、金针菇 50g、豆腐干 50g、辣酱油少许、油适量

❍ 做法

1- 腐皮放入清水中浸泡至软，擦干水切成方块备用。
2- 金针菇洗净去根，豆腐干切段备用。
3- 将金针菇、豆腐干用腐皮卷好，可以插一根牙签固定。
4- 中火加热油锅中的油，六成热时放入卷好的腐皮卷炸至金黄色捞出，沥干油。配辣酱油食用。

聚会，热情提升的终极秘籍

❖ 当朋友圈满足不了你的时候，你就需要放大招了！邀请三五好友聚会，一起来分享美味吧！如果，这些美味都是你亲手烹制的，当你看到好友们大快朵颐，同时又听到他们赞不绝口时，毋庸置疑，你的热情会空前高涨，甚至完全忘记准备食物时的疲累，并已经暗暗在琢磨下次聚会时你可以做的拿手菜式了！

还有比比萨更适合聚会的食物吗？——变态辣比萨

❍ 用料

比萨面团1份、烟熏辣椒仔3汤匙、辣萨拉米香肠12片、红绿辣椒30g、口蘑20g、洋葱1/4个、马苏里拉芝士碎100g

❍ 做法

1- 辣椒洗净切成辣椒圈，口蘑切片，洋葱洗净切丝。

2- 取烤盘垫上烹调纸，比萨面团擀成薄饼铺在烤盘上，并均匀涂抹上烟熏辣椒仔汁，撒上适量的马苏里拉芝士碎，然后将其余食材均匀铺在饼皮上，再将剩余的芝士碎均撒在上面。

3- 烤箱预热到200摄氏度，放入比萨烤制12~15分钟，烤制过程中注意观察芝士的状况，马苏里拉芝士融化，表面金黄即可。

❍ 比萨面团用料

面粉400g、水250mL、橄榄油50mL、即发干酵母4g、盐2g

❍ 做法

即发干酵母放入35摄氏度左右的温水中溶化，面粉中加入酵母水和橄榄油混合成面团，然后加入盐揉匀，大致揉光滑后用保鲜膜盖好，在室温中发酵50分钟，直至面团长大1倍。取出面团放在撒了干面粉的操作台上，轻轻压平排气，然后把四周向中间折叠，滚成一个圆球。放置10分钟后分割成需要的大小，擀平后就可以制作比萨了。

如果使用普通家用烤箱，这份面团可制作约3个比萨。

食盐 Salt

HOT COCKTAILS
热辣小酒喝起来！

-

文 | 杨涛

鸡尾酒，自然是酒，酒的火辣温暖着你的喉头舌尖。它又不仅仅是酒，斑斓的色彩、层次丰富的芬芳，其中有酒香，更有千变万化、令人回味无穷的感官享受。你或许不够懂它，那又如何？谁能抵挡它那热辣辣的诱惑？现在，就让它来彻底释放你内心深处的热情吧！

椰奶莫吉托

莫吉托（Mojito）是一种源自古巴的鸡尾酒，由幽香的薄荷、微酸的青柠、清甜的白朗姆酒和碎冰块混合而成，颜色清爽怡人，味道虽并不浓烈，却能让人小酌而微醺。它清新冰爽的口感一旦触及味蕾，就能点燃你深藏于内心的热情，让红霞染上你的脸庞，涟漪泛上你的心湖。有人说它有初恋的味道，淡淡的，却又热情似火。加入椰奶的莫吉托，味道更为香甜，也让白朗姆酒的口感变得更为柔和

用料

白砂糖 50g、水 250mL、薄荷叶 20g、白朗姆 180mL、椰奶 500mL、青柠 2 个、冰块 2 杯（约 120g）、烤椰子碎片适量

做法

1- 白砂糖、水和薄荷叶放入一个小锅中烧开，调小火煮 10 分钟后滤去薄荷叶，制成简易薄荷糖浆，彻底晾凉。
2- 将白朗姆、椰奶、冰块、薄荷糖浆放入调酒壶，挤入青柠汁，摇匀。
3- 混合好的酒倒入杯中，装饰上薄荷叶和脆椰片即可。

树莓玛格丽特

用料
树莓 100g、白砂糖 70g、柠檬 2 个、柠檬果汁 120mL、龙舌兰酒 120mL、冰块适量

做法
1- 树莓洗净后沥干水分，留下几粒作装饰用，其余放入搅拌机打至足够细腻，用一个细网漏勺滤掉籽，只留细滑的酱汁，然后加入 20g 白砂糖拌匀，放入冰箱冷藏备用。

2-50g 白砂糖放入一个小碟中，擦入一个柠檬的皮屑，拌匀。擦过皮屑的柠檬切一薄片，从中切成两片，再在中心切一长约 1cm 的小口，插在鸡尾酒杯沿上转一圈，让杯沿抹上柠檬汁。将杯沿插入砂糖和柠檬皮屑的混合物中，粘上砂糖和柠檬皮屑，待用。

3- 摇酒壶中加入 3/4 的冰块，再加入 2 茶匙树莓酱汁、60mL 柠檬果汁、60mL 龙舌兰酒，挤入 1/2 个柠檬的柠檬汁，盖上盖子用力充分摇匀后，倒入准备好的酒杯中，用黑莓和柠檬片装饰。余下的原料用同样的方法做好第二杯。

玛格丽特（Margarita）被称为『鸡尾酒之后』，是世界上最知名的鸡尾酒之一。它的基酒是墨西哥国酒龙舌兰，味道浓烈，带着火辣辣的南美风情。黑莓的加入让它的口味层次更加丰富，深红的色泽更平添一份热情。

制作黑莓酱汁时，未加水的酱汁质地较为浓稠，可用一个勺子的勺背按压酱汁，帮助其更好地滤入碗中。黑莓酱汁也可以提前几天准备好，放入冰箱冷藏保存。

这里用的柠檬果汁是一种可直接饮用的柠檬饮料，而非烘焙或调味的柠檬汁。如果购买不到，也可用鲜榨柠檬汁、水和白砂糖依据个人口味调制。

草莓熔岩

❍ 用料

椰子朗姆酒 250mL、草莓 350g、柠檬汽水 120mL、菠萝汁 300mL、椰浆 250mL、香蕉 1 个、碎冰 2 杯（约 120g）、菠萝果肉少许（装饰用）

❍ 做法

1- 草莓洗净后去蒂，放入搅拌机，加入椰子朗姆酒和柠檬汽水打至细腻状态，用滤网滤去草莓籽后备用。

2- 搅拌机清洗干净后放入椰浆、菠萝汁搅拌充分，倒入容器中备用。

3- 香蕉剥皮切块，放入搅拌机，加入碎冰打碎，加入打匀的菠萝椰浆混合物继续搅拌至质地细腻，倒出备用。

4- 酒杯中倒入 3/5 高度的香蕉菠萝椰浆混合物，然后小心地沿着杯壁倒入草莓朗姆酒混合物，草莓层会自动浮于顶部。

5- 用果签串起菠萝果肉，装饰在杯子上即可。

杯里的草莓浆就像火山熔岩，如此火红热辣，如此奔放热情！这款鸡尾酒有着强烈的色彩对比，草莓火红的颜色让人眼前一亮，朗姆酒更是强烈刺激着你的感官。此配方可制作 4~6 杯，很适合招待朋友哦。

姜汁啤酒帕洛玛

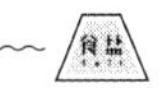

用料

葡萄柚 2 个、青柠 1 个、龙舌兰糖浆 1 茶匙、龙舌兰酒 80mL、姜汁啤酒 80mL、海盐适量（装饰用）

做法

1- 葡萄柚切出一片留作装饰，其余的用榨汁机榨成果汁备用。青柠切一半留作装饰。
2- 海盐放入小碟中。用葡萄柚片擦拭酒杯杯沿，再将杯沿插入海盐中，粘上盐粒作装饰。
3- 酒杯中加入葡萄柚汁、龙舌兰糖浆、半个青柠的汁搅拌均匀，再倒入龙舌兰酒和姜汁啤酒，最后用葡萄柚片和青柠片装饰。

帕洛玛（Paloma）在西班牙语中是鸽子的意思，是一种以龙舌兰酒为基酒，加入柚子汁的鸡尾酒。

姜汁啤酒虽叫啤酒，实则为一种不含酒精的生姜味汽水。

浓烈的龙舌兰酒搭配惹火的姜汁啤酒，一杯入口，一股热浪从内向外散发出来，真的是热得够劲，辣得够味。

香橙奶油火焰杯

❍ 用料

冰镇香草伏特加 60mL、香橙味汽水 350mL、喷射奶油适量、香橙味砂糖少许（装饰用）

❍ 做法

1- 将香橙味汽水平均倒入两个酒杯中，再分别倒入冰镇的香草伏特加。

2- 在顶部挤上喷射奶油，撒上香草味砂糖作装饰。

Tips

这款鸡尾酒制作非常简单，伏特加火辣的口感，橙子金黄的色泽，能让人体会到别样的热情。

西瓜薄荷鸡尾酒

用料

无籽西瓜 1/4 个、伏特加 40mL、薄荷糖浆 40mL、薄荷小枝少许

做法

1- 西瓜瓤切成块状。

2- 切块的西瓜瓤放入搅拌机榨成汁，加入伏特加酒和薄荷糖浆搅拌均匀后分装入杯中。

3- 薄荷小枝洗净，沥干水分，插入杯中即可。

西瓜的清香和伏特加酒的热烈搭配出冰火两重天的感受，入口时的甜蜜很有迷惑性，片刻后喉头火辣的酒味才显出它的本性。

蔚蓝冰霜

❍ 用料

菠萝汁 240mL、蓝橙力娇酒（blue curacao）120mL、伏特加 120mL、椰浆 120mL、冰块 4 杯（约 240g）、椰茸少许

❍ 做法

搅拌机中放入冰块、菠萝汁、蓝橙力娇酒、伏特加和椰浆，充分搅拌均匀，倒入酒杯中，最后撒上椰茸装饰。

Tips

有一种热叫作外冷内热，一如这款蔚蓝冰霜。冰蓝的色泽让它看起来仿佛一位冷若冰霜的美人儿，但小酌一口，伏特加的热辣就能立刻从你的喉头直达内心深处。

经典迈泰

❍ 用料

黑朗姆 30mL、白朗姆 30mL、橙汁 60mL、橙皮力娇酒（triple sec）30mL、红石榴糖浆（grenadine）5mL、橙子 1 个、青柠 1 个、薄荷叶少许（装饰用）、酒渍樱桃少许（装饰用）

❍ 做法

1- 橙子切成厚约 2mm 的薄片，放几片到酒杯中，剩下的留作装饰；青柠切出一片作装饰用，其余的榨汁备用。

2- 将黑朗姆酒、白朗姆酒、橙汁、橙皮力娇酒、红石榴糖浆、青柠汁一起加入摇酒壶中，用力摇匀后倒入酒杯。

3- 用橙子片、青柠片、酒渍樱桃和薄荷叶装饰即可。

迈泰鸡尾酒（Mai Tai）诞生于美国。

迈泰被认为是热带鸡尾酒的代表，颜色火辣热情，饮下一杯却能给你带来凉意。

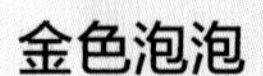

金色泡泡

❍ 用料

树莓4粒、柠檬1个、柠檬酒60mL、香槟300mL

❍ 做法

1- 树莓洗净控干，柠檬皮擦出细长条。
2- 取两个酒杯，放入树莓略碾压出汁，再分别倒入30mL柠檬酒，最后分别倒入香槟酒。
3- 装饰上柠檬皮细条即可。

火红的树莓配上金色的香槟酒，气泡在杯中徐徐升腾，热情不停绽放。香槟酒也可以换成其他的起泡酒。

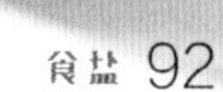

羞涩粉绯

用料

杜松子酒（gin）50mL、青柠汁 15mL、树莓玫瑰浓缩液 15mL、荔枝汁 75mL、冰块适量、荔枝少许（装饰用）、树莓少许（装饰用）

做法

1- 酒杯中依据个人喜好放入适量冰块，撒上几粒树莓。
2- 摇酒壶中加入杜松子酒、青柠汁、树莓玫瑰浓缩液和荔枝汁充分摇匀，倒入酒杯中。
3- 用果签串起一粒树莓和一粒荔枝，装饰在酒杯上即可。

这款高颜值的鸡尾酒如同一位羞涩怀春的少女，甜蜜中带着几分酸涩，虽情窦初开，却掩不住似火浓情。

基酒，鸡尾酒的热辣之缘

食盐
Salt

01 朗姆酒由甘蔗酿造而成，香味独特而平易近人，用它来调制鸡尾酒简单又好用。如果要用牛奶、椰奶等含蛋白质的饮品来制作鸡尾酒的话，搭配朗姆酒最佳，因为朗姆酒不会与蛋白质反应，产生影响鸡尾酒质感的悬浮物。朗姆酒分为白朗姆、金朗姆和黑朗姆 3 种。白朗姆未经过陈酿，清澈透明，使用最为普遍；金朗姆经过陈酿，颜色金黄，带有甘蔗的清香，适合调制以朗姆酒为主的鸡尾酒；黑朗姆陈酿得最为成熟，呈褐色，香味丰富多变，多带有浓郁的巧克力香味，只用在少数经典的鸡尾酒中。

02 龙舌兰酒是最受女性喜欢的一款基酒。龙舌兰酒味道独特，可以很好地中和其他酒的味道。龙舌兰的花语是浓烈而不顾一切的爱，非常适合调制颜值高的鸡尾酒。

03 伏特加的口感纯而烈，它在鸡尾酒中能称职而本分地发挥酒精的作用，且不会喧宾夺主压住其他用料的味道，故非常百搭，甚至被称作基酒之王。用伏特加调制鸡尾酒可以突出其他用料的独特味道，而它只负责增加酒的烈度；伏特加分层效果明显，也可用来做最上层的点火用酒。

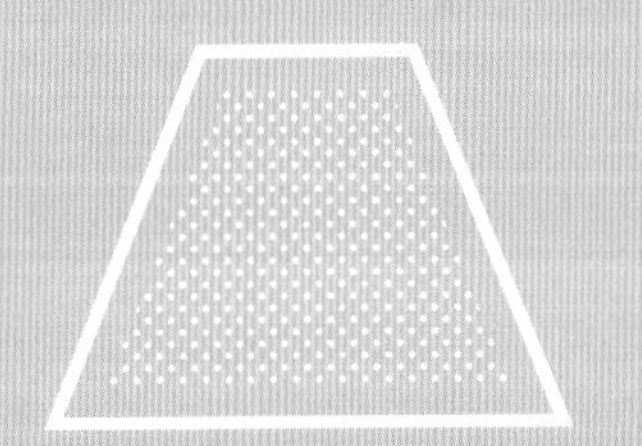

04 杜松子酒，又叫金酒，有着芳芬浓郁的香气，无色透明、清新爽口。杜松子酒几乎是为鸡尾酒而生的。事实上，因为它特殊的香气，单独饮用它的人并不多，但却可以成为“鸡尾酒的核心”，很多人视它为最好发挥的基酒。用它调制的鸡尾酒，总能让味道变得更为醇厚奇妙，让人回味无穷。

基酒，鸡尾酒的热辣之缘

鸡尾酒装饰的奇思妙想

鸡尾酒装饰的奇思妙想
鸡尾酒装饰的奇思妙想
鸡尾酒装饰的奇思妙想
鸡尾酒装饰的奇思妙想
鸡尾酒装饰的奇思妙想

*酒精让鸡尾酒热情，颜值则让鸡尾酒热辣。没有颜值的鸡尾酒，只怕享用起来也会热情减半。用这些简单又亮眼的小奇思来点燃鸡尾酒全部的热情吧！

01
橙皮玫瑰

削出一段长约10cm的橙皮，从一头卷起来，扎上牙签就是一朵漂亮的玫瑰。注意削皮的时候尽量薄一些。用柠檬皮和青柠皮也可以哦。

02
鲜花或花瓣

如果不想花太多心思装饰，现成的花儿或许会是最好的选择。几朵小雏菊，几瓣玫瑰花瓣，让它们轻轻地漂浮于杯中就很养眼。可以根据酒的颜色选择同色系的花儿来搭配。

03
漂亮的冰块

鸡尾酒大多会搭配冰块。如果事先做好漂亮的冰块，那么装饰起来就会省力多了。你可以用香草或者花儿来制作冰块。

04
浆果串

浆果小巧而漂亮，将它们穿成串，斜插在杯中或是横放在杯上就是很好的装饰。若是冷冻一下，让它们表面带上一层薄霜就更有特色了。

05
卷卷的柠檬皮

柠檬皮是很好的装饰物。削出细细的柠檬皮丝，密密地绕在筷子上，抽出来后挂在酒杯壁上，卷卷的，简单又好看。

ICE AND FIRE
冰 惹 火!

文 & 图 | 杨涛

若问在享受那些热情火辣的美味时，你最想搭配的是什么，恐怕非一款冰彻心脾的凉品莫属了。冰与火，看似截然相反的两极，却如同一对互补的伴侣。冰，既能衬托出火的热辣，又能给火以温柔的呵护。如若无冰，何谈惹火？

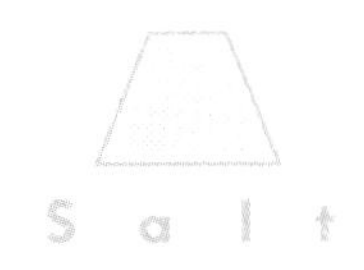

◀橙香什果棒冰（做法见 98 页）

橙香什果棒冰

❍ 用料

橙子 2 个、蓝莓 50g、草莓 100g、奇异果 2 个、矿泉水 100mL、冰棒棍 10 个、棒冰模具 10 个

❍ 做法

1- 橙子剥皮掰瓣，放入搅拌机，加入矿泉水，榨成果汁，滤去渣滓和浮沫，静置备用。
2- 草莓洗净，去掉草莓蒂，纵刀切片；奇异果剥去外皮，切片备用；蓝莓洗净，对剖切开。
3- 将洗切好的水果码放入棒冰模具中，倒入橙汁，插入冰棒棍，放入冰箱冷冻 4 小时以上即可食用。

奇趣手指冰

❍ 用料

小金橘 5 个、薄荷叶 10g、冻蓝莓 20g、冻树莓 20g、柠檬汽水 200mL

❍ 做法

1- 每个小金橘竖切成 4 瓣；薄荷去茎，只留叶片，冲洗干净后沥干水分。
2- 准备一个硅胶手指冰模具，自由搭配着摆入薄荷叶、金橘瓣、蓝莓和树莓，注入柠檬汽水，放入冰箱冷冻成手指冰。
3- 冻好的手指冰取出后即可食用。

奶油冰巧

❍ 用料

冰块 2 杯（约 120g）、牛奶 240mL、速溶巧克力粉（甜味型）3 汤匙、巧克力酱 30mL、喷射奶油适量

❍ 做法

1- 将冰块、牛奶和巧克力粉一起放入搅拌机，搅拌约1分钟至完全混合。
2- 准备两个大玻璃杯，分别挤入 15mL 巧克力酱，然后倒入冰巧。
3- 在冰巧顶部挤上奶油，撒上额外的巧克力粉装饰即可。

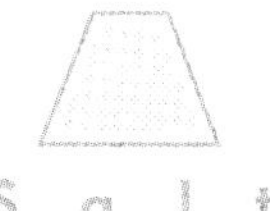

冰点玛奇朵

❍ 用料

全脂牛奶 120mL、冰块 1 杯（约 60g）、黑咖啡（或意式浓缩咖啡）60mL、焦糖浆 1 汤匙

❍ 做法

1- 准备一个玻璃杯，内壁淋上少许焦糖浆。
2- 将全脂牛奶放入微波炉加热 30~40 秒，取出用奶泡机或奶泡器打成奶泡，倒入玻璃杯。
3- 加入冰块，直至牛奶距离杯沿约 2cm。
4- 缓缓地将黑咖啡（或意式浓缩咖啡）浇在冰块和牛奶上。最后装饰额外的焦糖浆。

草莓柠檬冰沙

用料

草莓 250g、柠檬 2 个、冰块 2 杯（约 120g）、矿泉水 100mL、白砂糖 2 汤匙（装饰用）

做法

1- 一个半柠檬榨出柠檬汁；剩下半个柠檬切薄片备用。
2- 在玻璃杯的杯沿上涂上一圈柠檬汁，将杯沿轻轻插入白砂糖中，让杯沿粘上砂糖粒。依次装饰好所有的杯子。
3- 草莓洗净后沥干水分，留出约 4 粒作装饰用，其余的去掉草莓蒂，和柠檬汁、矿泉水、冰块一起放入搅拌机打成冰沙。
4- 将冰沙倒入装饰上白砂糖的杯子，顶部用草莓粒和柠檬片装饰即可。

Tips salt

这款冰沙未添加糖分，酸甜味全部来自水果本身。草莓因品种不同而酸甜度不一，在冰沙打好后可先尝尝，如果喜欢甜一些，则可根据个人喜好适量添加糖分再打匀即可。

Tips salt

冻好的蜜瓜冰球可装入食品袋，放入冷冻室储藏，食用的时候随用随取。

蜜瓜冰球饮

❍ 用料

无籽西瓜 1/4 个、哈密瓜 1/2 个、绿香瓜 1 个、伊丽莎白瓜 1 个、苏打水 1L、青柠 1 个、薄荷叶 1 把

❍ 做法

1- 哈密瓜、绿香瓜和伊丽莎白瓜去籽儿。用水果挖球勺将 4 种瓜挖成瓜球。

2- 取一个大的平盘，铺上一层烘焙纸，将挖好的瓜球码放在纸上，每粒之间留出空隙避免粘连，放入冰箱冷冻 4 小时以上，冻上成冰球。

3- 冻好的冰球取出，装入玻璃杯中，注入苏打水，用青柠和薄荷叶装饰即可。

巧克力脆皮
奇异果冰棒

◑用料

绿奇异果 4 个、黑巧克力 100g、椰子油 60mL、冰棒棍 12 个

◑做法

1- 奇异果撕去外皮，切成厚约 1.5cm 的片，每片插入一根冰棒棍。
2- 取一平盘，铺上烘焙纸，放上处理好的奇异果，放入冰箱冷冻 2 小时以上。
3- 黑巧克力切碎，加入椰子油隔水加热融化并搅拌均匀，冷却至室温。
4- 将冻好的奇异果冰棒浸入准备好的巧克力酱中，均匀地裹上一层巧克力外皮，摆放在铺好烘焙纸的平盘中，再次放入冰箱冷冻 2 小时以上即可食用。

辣翻天小聚会

嗜辣之人无辣不欢，
三不五时就想弄两道辣翻天的小菜过过嘴瘾，
不如拉帮结伙地吃辣，彻彻底底辣翻天。

冬阴爆米花

❍ 用料

原味微波玉米 1 包
小米辣 2 枚
香茅草 1 棵
柠檬叶 6 片
棕榈糖 2 汤匙
油 1 汤匙

❍ 做法

1- 微波爆米花爆好之后打开口袋让热气散出。小米辣、香茅草和柠檬叶分别切成小片备用。
2- 炒锅中注入油，中火加热至五成热时放入小米辣、香茅草、柠檬叶和棕榈糖翻炒加热。
3- 糖全部融化呈金棕色时放入爆米花翻炒均匀即可。

食盐
Salt
EASY
WEEKEND
-
辣翻天小聚会

香辣烤玉米

❍ 用料

甜玉米 5 根
朝天椒 2 枚
洋葱 1/2 个
香菜 1 小把
美式辣椒汁 1 汤匙
盐和黑胡椒少许
油 1 汤匙
蜂蜜 1 汤匙

❍ 做法

1- 甜玉米去掉一半的外皮，保留一部分玉米皮。朝天椒、洋葱、香菜分别切碎备用。
2- 打开玉米皮，在玉米粒上撒上少许盐和黑胡椒，然后撒上朝天椒、洋葱、香菜碎末，然后淋上辣椒汁、油和少许蜂蜜，包回玉米皮放入铺了锡纸的烤盘。
3- 在玉米上再盖一层锡纸，边缘和烤盘中的锡纸封紧，送入预热至 200 摄氏度的烤箱烤 15 分钟，最后打开锡纸和玉米皮再烤 5 分钟即可。

迷迭香辣烤猪肉串

❍ 用料

猪梅肉 1kg
整枝迷迭香 8 支
蒜 2 瓣
柠檬皮屑 1 茶匙
茴香籽 1 茶匙
干辣椒碎 1 茶匙
橄榄油 60mL
海盐和黑胡椒碎少许

❍ 做法

1- 猪梅肉切成 3cm 见方的大块。迷迭香去掉下半部的叶片，保留一部分顶端枝叶，然后把底部枝干切成尖锐的斜角以便穿入肉块。
2- 把取下的迷迭香叶、蒜、柠檬皮屑、辣椒碎、茴香籽、橄榄油、盐和黑胡椒放入食品处理机，搅打成细腻的泥状，取一半和切块的猪梅肉拌匀，另一半留用。
3- 腌渍 10 分钟后，把肉块穿在迷迭香枝上。中火加热一个扒锅（或厚底平锅），注入少许油，待锅热后，放入肉串，每面加热 5 分钟即可。上桌时搭配剩余的迷迭香酱。

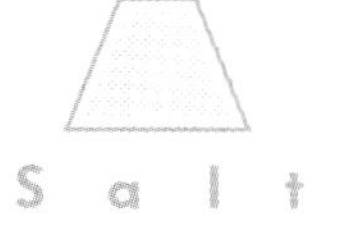

姜味金枪鱼藜麦寿司

用料

金枪鱼柳 300g
黄瓜 1 根
嫩豆腐 1 块
黑藜麦 145g
清水 1 杯（250mL）
日本淡口酱油 2 汤匙
黑奇亚籽 1 汤匙
熟黑芝麻 1 汤匙
寿司用海苔 4 片
嫩菠菜叶 1 杯
日式泡姜 100g
苜蓿芽 1 把
寿司卷帘 1 个

做法

1- 嫩豆腐、1 汤匙泡姜以及 1 汤匙泡姜汁一起放入食品处理机搅拌成泥备用。黑藜麦加入 1 杯清水，大火煮开后调成小火加盖煮 15 分钟，熄火后拌入淡口酱油加盖焖一会儿，然后放至微凉。把 1/3 的豆腐调味酱和藜麦混合均匀。
2- 奇亚籽和黑芝麻放在一个烤盘中混合均匀，把金枪鱼柳切成 2cm 粗的条，放在奇亚籽和黑芝麻中滚匀，让鱼肉表面粘满奇亚籽和黑芝麻。
3- 黄瓜纵向剖成 4 份，去籽。在寿司帘上铺上一片海苔，然后铺上一层藜麦，一端留出 3cm 的海苔不要铺满。在藜麦中依次放入金枪鱼、黄瓜、嫩菠菜、泡姜和苜蓿芽，卷起成卷，封好。
4- 把卷好的寿司卷切块，上桌时搭配剩余的豆腐酱即可。

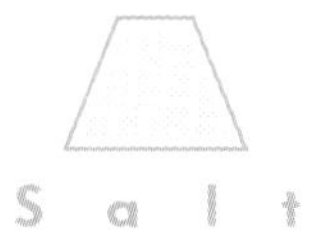

LODGE

椒盐焗皮皮虾

◗ 用料

皮皮虾 1kg
大粒海盐 1kg
黑胡椒碎 2 汤匙
干辣椒碎 1 汤匙
柠檬 1/2 个
油 1 汤匙

◗ 做法

1- 皮皮虾洗净并擦干，在表面刷一层油，然后粘满黑胡椒碎和辣椒碎备用。
2- 大粒海盐在铁锅中炒热，烤盘中铺上锡纸，倒入一部分炒热的海盐，然后铺上皮皮虾，用剩余的热海盐把皮皮虾覆盖好，用锡纸包严，送入预热至 200 摄氏度的烤箱烤 30 分钟。
3- 取出后去掉多余的大粒盐，上桌前淋少许柠檬汁即可。

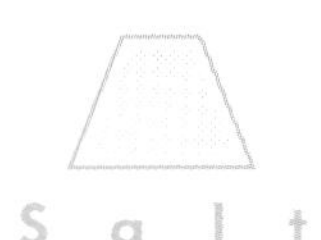
Salt

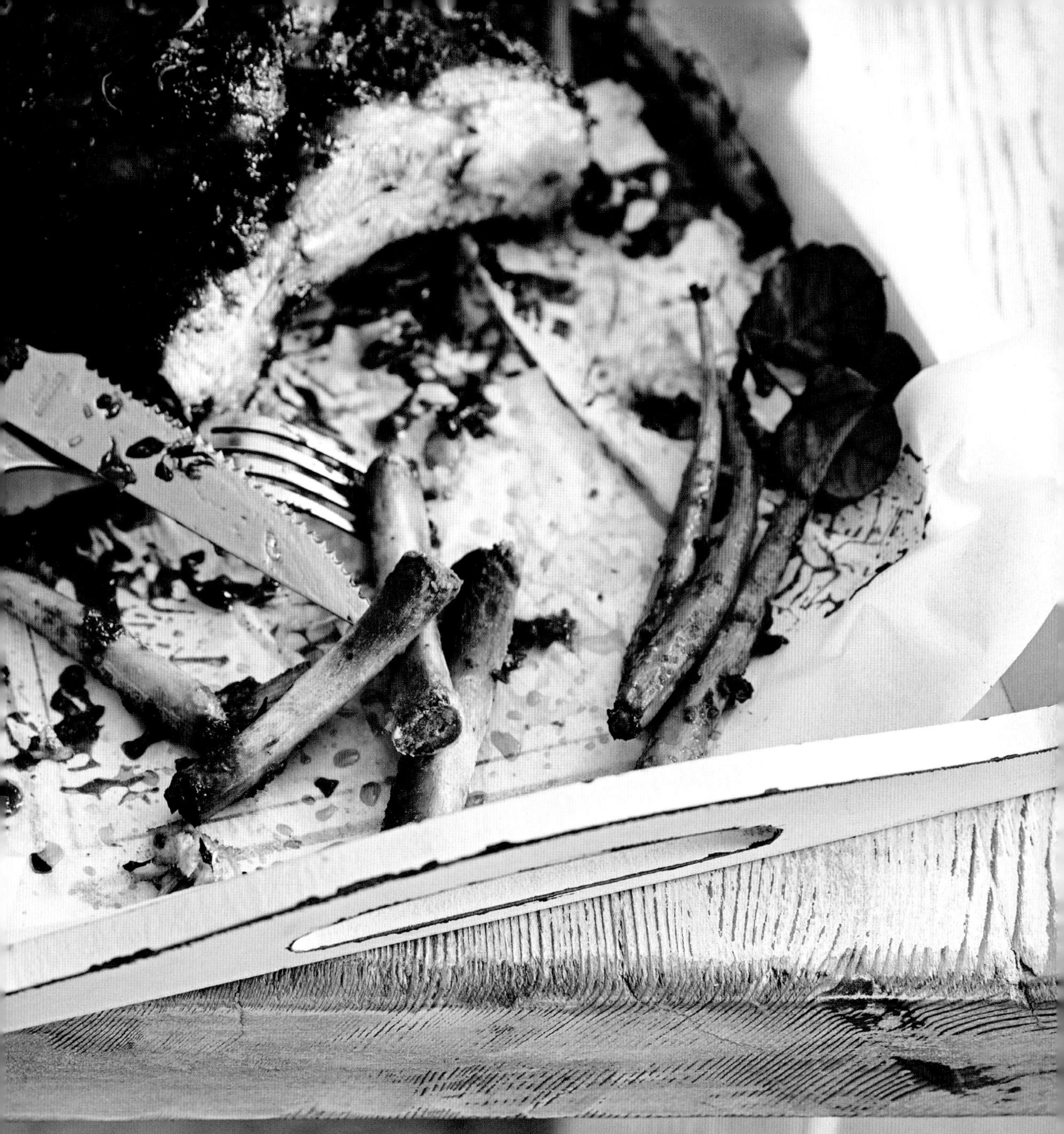

香辣美式猪排

❍ 用料

猪肋排 1kg

百里香 1 小把

洋葱粉 2 茶匙

蒜粉 2 茶匙

甜椒粉 3 汤匙

烧烤酱 3 汤匙

盐和黑胡椒碎少许

蜂蜜 2 汤匙

❍ 做法

1- 猪肋排切成至少 3 块相连的大块，撕掉背面筋膜备用。

2- 蒜粉、洋葱粉、甜椒粉、烧烤酱、蜂蜜、盐和黑胡椒混合均匀，涂抹在猪肋排上腌渍 3 小时。

3- 烤箱预热至 220 摄氏度，在烤盘中铺上锡纸，排放好猪肋排，撒上百里香叶，用另一块锡纸盖好并把四边封紧，送入烤箱烤 2.5 小时。

Halloumi 芝士配辣烤南瓜帕尼尼

❍ 用料

老南瓜 500g
Halloumi 芝士 100g
洋葱 1 个
樱桃萝卜 5 个
欧芹叶 1 把
希腊酸奶 1/2 杯
辣椒粉 1 汤匙
肉桂粉 1 茶匙
盐和黑胡椒少许
夏巴塔面包 4 个
黄油 40g
橄榄油 2 汤匙

❍ 做法

1- 老南瓜切大块，用橄榄油、辣椒粉、少许盐、肉桂粉拌匀，用锡纸包好送入预热至 200 摄氏度的烤箱烤 30 分钟。打开锡纸，再烤 10 分钟，取出略压碎备用。

2- 樱桃萝卜切成薄片，洋葱切丝，欧芹叶洗净切碎备用。夏巴塔面包从中间剖开在切口上涂上黄油，然后送入烤箱 200 摄氏度烤 5 分钟，取出备用。这一步如果有专用的帕尼尼机把面包表面烙出花纹更好。

3-Halloumi 芝士切成 0.5cm 厚的片，用平底锅煎至两面金黄。

4- 烤好的面包中放入烤南瓜酱、Halloumi 芝士片、樱桃萝卜、洋葱，淋少许希腊酸奶并撒上欧芹叶和黑胡椒即可上桌。

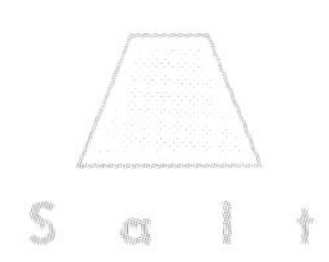

辣巧克力蛋糕

用料

低筋面粉 375g
泡打粉 8g
可可粉 50g
细砂糖 300g
鸡蛋 4 枚
牛奶 375mL
无盐黄油 250g
黑巧克力 200g
香草精 2 茶匙
甜椒粉 1 茶匙
干辣椒碎 2 茶匙
奶油奶酪 250g
酸奶油 100g
糖粉 60g

做法

1- 黑巧克力隔水融化，把鸡蛋、牛奶、细砂糖、无盐黄油（250g）、黑巧克力、香草精、甜椒粉、低筋面粉、可可粉和泡打粉按顺序放入食品处理机，搅打成顺滑的面糊，冷藏备用。

2- 烤箱预热至 180 摄氏度，取两个直径 20cm 的蛋糕模，在内侧涂抹一层黄油（未计入用量），再撒少许面粉并抖落多余的面粉。在蛋糕模中注入蛋糕糊，在桌上轻轻磕出大气泡，抹平表面后送入烤箱烤 45 分钟。

3- 让蛋糕在模具中放置 10 分钟后再脱模，取出蛋糕放在烤架上晾凉。

4- 奶油奶酪室温软化，搅拌至顺滑，然后加入酸奶油和糖粉搅打至顺滑，一部分涂抹在两层蛋糕之间，一部分涂在顶部，最后在表面装饰干辣椒碎即可。

黑胡椒虾沙拉

用料

大青虾 20 只
蒜 2 瓣
嫩菠菜叶 200g
黑胡椒碎 1 汤匙
毛豆粒 1 杯
西蓝花 200g
朝天椒 1 枚
香菜叶少许
橄榄油 3 汤匙
蜂蜜 1 汤匙
生抽 2 汤匙
盐少许

做法

1- 青虾去掉头和外壳，剔除沙线，保留尾部。蒜压成蒜泥，调入 1 汤匙油和少许盐，把蒜油和虾混合均匀腌渍片刻。

2- 烤箱预热至 200 摄氏度，在烤盘中铺上不粘烹调纸，把腌渍好的青虾粘满黑胡椒碎，排放在烤盘中，送入烤箱烤 5 分钟，取出备用。

3- 菠菜叶洗净甩干，煮一锅水，分别放入西蓝花和毛豆粒煮熟，捞出后放入冷水过凉，然后甩干。

4- 把准备好的蔬菜放入一个大碗，另取一个小碗放入切碎的辣椒、生抽、橄榄油、蜂蜜、少许盐和黑胡椒，加入两汤匙水，混合均匀后淋在蔬菜上，最后在大碗中放入烤好的青虾和香菜叶即可。

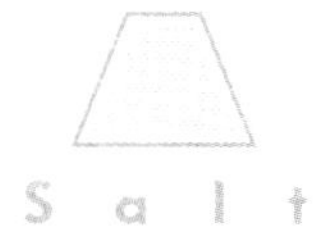

辣汁蒸鲷鱼

❍ 用料

鲷鱼 2 条（约 450g ／条）
青柠 1 个
红美人椒 3 枚
姜 1 块
蒜 1 瓣
香菜 1 把
白米醋 1/2 汤匙
香油 1 茶匙
蒸鱼豉油 1 汤匙
盐少许

❍ 做法

1- 鲷鱼洗净，用厨房纸巾完全擦干，在鱼身上切出切口，把鱼内外都用少许盐擦一遍。大蒜压成泥，1 枚美人椒切碎，其余切成小片备用。青柠切片，姜切丝备用。

2- 把辣椒片、青柠片和姜丝摆在鱼身切口上，然后把两条鱼分别用烹调纸包起来，送入蒸笼蒸 12 分钟。

3- 白米醋、蒸鱼豉油和香油放入碗中，加入辣椒碎、蒜泥调匀成调味汁，鱼蒸好后打开烹调纸包，淋上调味汁，撒上香菜即可。

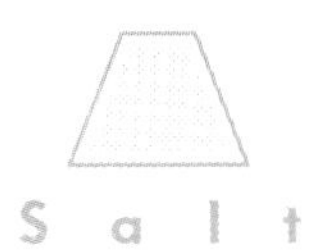

辣椒烤杧果配冻酸奶

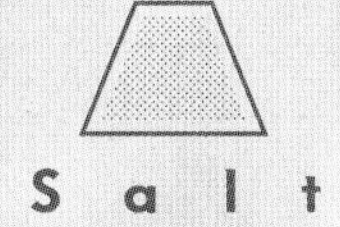

❍ 用料

希腊酸奶 2 杯
麦芽糖 125g
香草精 1 茶匙
杧果 2 个
辣椒粉少许
海盐少许
椰子油少许
薄荷叶少许

❍ 做法

1- 希腊酸奶、麦芽糖和香草精放入大碗，混合均匀后放入一个平盘，送入冰箱冷冻 2~3 小时。取出后捣碎，用食品处理机搅拌成冰霜，装入容器再次冷冻两个小时。如果家里有冰激凌机，也可以直接使用冰激凌机制作。

2- 杧果切成大角，刷一层椰子油备用。大火加热一个扒锅，锅热后把杧果切面向下放入锅中，在切面上扒出纹路取出备用。

3- 取出酸奶冰霜，装入杯中，顶端放上扒杧果，点缀海盐和辣椒粉，最后用薄荷叶装饰即可。

ENJOY THE ORGANIC SEASONING
天然有机醇享美味
——给辣放个假

淳朴的好滋味，来自天然有机的原料，

让有机调味料的醇味，给爱辣的味蕾放个假。

酱油什锦炒饭
酱油好味无须复杂调味

用料

米饭1碗、胡萝卜1/2根、甜豌豆1小把、洋葱1/4个、西式火腿1小块、禾然有机醇酱油1汤匙、油1汤匙

做法

1- 胡萝卜洗净去皮，切成0.5cm见方的小丁，洋葱去皮切成相同大小的小粒，西式火腿切丁备用。

2- 烧开一锅水，把豌豆放入锅中汆烫2分钟捞出，胡萝卜丁同样汆烫2分钟捞出控干备用。

3- 大火加热炒锅，注入油烧至六成热，放入洋葱丁翻炒至散发香味，然后放入火腿丁、胡萝卜丁、豌豆翻炒均匀。

4- 放入米饭，用锅铲压散，快速翻炒，调入禾然有机醇酱油翻炒均匀即可。

禾然有机醇酱油

采用有机原料，传统工艺酿造，保留有机原本味道，具有天然透亮的红褐色，足期酿造的醇香，酱香、酯香浓郁，堪称鲜味担当，不但和其他调料配合得天衣无缝，甚至凭一己之力也可以完成美味菜肴的烹饪调味，除了各式小炒，炖煮、凉拌样样胜任。

01

02

03

04

01

02

03

04

日式蟹柳沙拉
滋味醇厚和清爽兼具

用料

蟹柳150g、生菜1/2棵、樱桃萝卜2个、秋葵3根、菊苣叶少许、苹果1/4个、洋葱1/4个、禾然有机糙米醋2汤匙、禾然有机醇酱油1汤匙、橄榄油1汤匙、盐1小撮、白砂糖1汤匙

做法

1- 苹果和洋葱洗净去皮，分别磨成泥状，加入禾然有机糙米醋、禾然有机醇酱油、橄榄油、盐和白砂糖搅拌均匀静置片刻。

2- 蟹柳切成小段，放入开水锅中汆烫30秒，取出蟹肉晾凉备用。

3- 秋葵汆烫2分钟，取出切片。其余蔬菜洗净控干，樱桃萝卜切片备用。

4- 所有蔬菜放入大碗，淋上做好的沙拉汁，放上蟹肉即可。

Plus 梅子苏打醋饮

用料

梅子酱1汤匙、苏打水1/2听、禾然有机糙米醋2汤匙、梅子酒50mL

做法

把除苏打水以外的所有材料混合均匀，然后加入苏打水即可。

禾然有机糙米醋

东北有机糙米酿造，醇厚的风味来自优选原料和自然陈化，不但适用于各种烹调方式，还可以制成美味养生醋饮。

Jamie Oliver

01

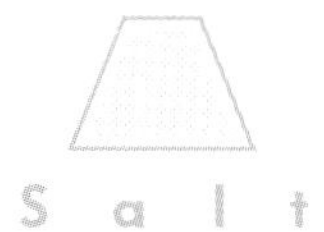

赤味噌日式烤豆腐
酱香馥郁美味健康

用料

绢豆腐 1 块、禾然有机赤味噌 4 汤匙、白芝麻少许、白砂糖 4 茶匙、味淋 2 汤匙

做法

1- 把豆腐用纱布包好（也可用厨房纸巾代替），压上一块案板，然后再压上一碗水，静置 20 分钟，让豆腐变得更紧实一些。

2- 禾然有机赤味噌中加入白砂糖和味淋，搅拌均匀后放入微波炉高火加热 40 秒，制成酱汁。

3- 豆腐切成 3cm 大小的小块，烤盘中铺上烹调纸，摆放好豆腐，送入预热至 200 摄氏度的烤箱烤 5 分钟，取出刷酱，然后继续烘烤至豆腐上色即可，上桌前撒上白芝麻。

02

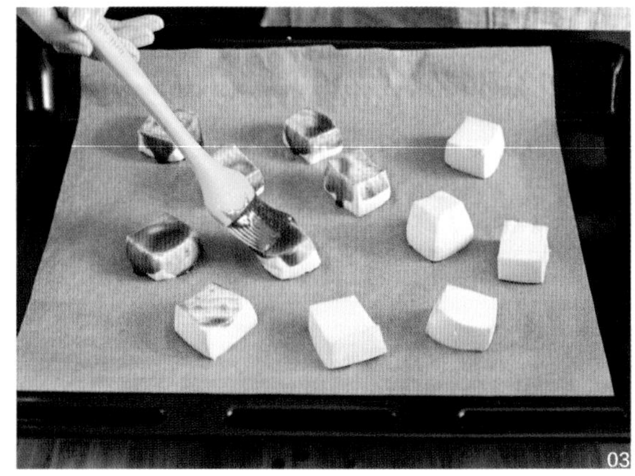
03

※禾然有机赤味噌

来自东北的有机大豆和有机大米，恒温密闭发酵，一切交给时间，换来酯香浓郁、回味无穷的好酱，可用于制作烧烤酱、沙拉酱、美味酱汤等。

食盐
Salt
Column

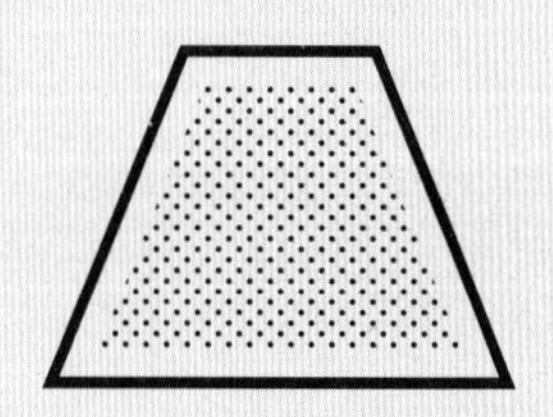

ISSUE 02

无辣不欢

来墨西哥尝尝太阳的味道 | HOT MEXICO

走遍世界来吃辣 | EAT AROUND THE WORLD

回不去的是故乡 | HOME

关于辣椒的故事 | A STORY ABOUT CHILLI

来墨西哥尝尝太阳的味道

文 & 图 | 孙楠楠

一个国度的个性必然会反映在美食结构里：日本人谦逊的匠人精神决定了日餐对食材自身的尊重与对烹饪细节的精益求精；法国人的尚品与腔调则体现在那充满仪式感的漫长等待里，以及在视觉与味觉上追寻的灵肉升华中；但对于墨西哥，这个最早孕育了辣椒、玉米、可可豆的地方，原始的玛雅文明已随时光浸染与西班牙殖民者的文化形态慢慢融合为一，形成今日墨西哥人特有的个性——语速和行动速度成反比，漫不经心却极具热情，以及酷爱吃辣。但辣椒之于墨西哥人，并不意味着单纯的味蕾刺激和心理挑战，它就像加勒比海熨帖心灵的阳光一般，无所不在，让你无时无刻不被酸辣、甜辣或者辛辣所带来的幸福感包围着。

左手Tequila 右手辣椒酱

在特奥蒂瓦坎（Teotihuacan）也就是著名的太阳和月亮金字塔所在地外围，两三米高的龙舌兰和仙人掌会让初次到来的人误以为自己被缩小，掉到了墨西哥版的爱丽丝梦游的仙境里。用龙舌兰的根茎酿造的龙舌兰酒，也就是Tequila，是墨西哥国酒，和朗姆、伏特加并称三大烈酒。Tequila单在喝法上就已经让人兴奋爆棚，也成为电影里塑造神秘莫测加性格马达级男主角的老梗。不过在原产地尤其是路边的露天吧里，先说一声“Salud（干杯）”，再舔掉虎口的盐、一口干掉杯中酒、咬一口柠檬的常规程序之后，配上墨西哥式的开怀大笑才算圆满，从喉咙到心情均体会着辛辣中带点飘飘然的妙意。

孙楠楠
前《瑞丽时尚先锋》主编，资深玩家，向往吃游世界的生活，毅然辞职，带嘴旅行。

Coca-Cola
La miscelanea

MJM-77-97

Salt

SIERRA
TEQUILA
SIERRA
TEQUILA
SIERRA
TEQUILA

墨西哥辣椒作为全世界辣椒的老祖宗，具有超乎想象的多变与层次感。但在传统的墨西哥餐桌上，并没有想象中一味追求变态辣的执念。其中名气最大的Jalapeno辣椒，辣度大概在2500~5000斯科维尔单位，在辣椒排行榜里仅仅算是中轻量级选手，但用它做成的Chipotle Chili辣椒酱，是无论在街边摊或是高级餐厅里都必备的调味品。在墨西哥城里闲逛时，看见路边排起长队的墨西哥卷饼摊，一定要加入排队阵营，卷饼小哥潇洒利落地飞刀片下烤肉，肉片直接落在卷饼里，再挤上Chipotle Chili辣椒酱和鳄梨酱，就是一道地道的墨西哥早午餐，3个卷饼仅售价18比索。拿到后，不要急着吃，墨西哥城的街心公园非常多，找个有树荫的椅子，看着蓝天，和来蹭吃蹭喝的小松鼠分享美食才是纯正的墨西哥生活方式。

酸甜辣，人生三味无所不在

-

阳光普照的地域，人们普遍对彩色的感知度更高也更为迷恋，墨西哥人除了钟爱把房子刷成一切你能想到的高明度色彩外，对食物的色彩同样以红红火火作为终极追求。一种酸中带甜的辣椒面儿出镜率极高，从街边水果摊儿上的菠萝、西瓜，到冰爽的柠檬冰沙，市集里原住民奶奶卖的传统玉米脆片和香脆炸猪皮，超市里的怪味蚕豆和乐事薯片，均被这种像火焰一样明媚的辣椒面儿承包了。其中辣味只是微微地客串，酸甜味才使得经它点缀的食物变得尤为开胃。而在离坎昆半小时船程的穆赫雷斯岛上，酸甜辣与从加勒比海里打捞上来的新鲜海产相遇，等待着送给人们一种味觉的惊喜。可以开着电瓶车在这座原驻人口只有千人的小岛上肆意闲逛，海岸线上散落着不少开放式餐厅和酒吧，味道都不会差，选一个随眼缘的，坐在白沙滩的棕榈伞下，慢慢享用以墨西哥薄饼做胚，配搭着墨西哥青椒的大虾比萨和烤龙虾，点杯龙舌兰酒冰咖啡，让热辣和宁静在身体里自然发酵。

走遍世界来吃辣

-

口述 | yimi

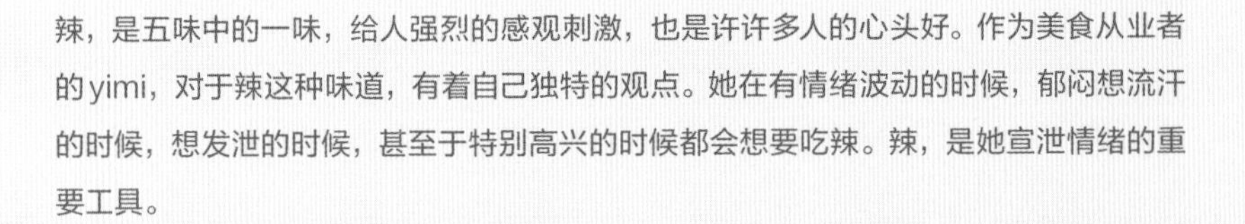

辣，是五味中的一味，给人强烈的感观刺激，也是许许多人的心头好。作为美食从业者的yimi，对于辣这种味道，有着自己独特的观点。她在有情绪波动的时候，郁闷想流汗的时候，想发泄的时候，甚至于特别高兴的时候都会想要吃辣。辣，是她宣泄情绪的重要工具。

yimi

-

易果网内容总监，亚米星球节发起人，致力于将世界美食介绍给每一位对吃抱有热情的人。目前正在GAP YEAR，自由潜水教练的学习中。

你可以在这些地方看到Yimi关于美食的记录：

下厨房：yimi

公众号：厨娘心事

微博：@文yimi

yimi是中文系出身，曾经当过语文老师，而最终投身美食行业，则与她“美食世家”的成长环境息息相关。从高中开始她就上美食论坛，在大学里还夺得过校园厨神比赛的冠军。2011年，她开始在美食APP“下厨房”撰写原创食谱。140道食谱，被超过400万用户浏览和收藏。yimi的本职工作是一家生鲜网站的内容主编。可以说她是一位不折不扣的美食达人。

yimi的菜品主要是一些有外婆味道的上海菜和韩国料理，还有旅行中她在世界各地尝到的不同美食。那些看似没有国界的创意菜，充满了她的个人风格——世界风与中式家庭风融合，所以她经常旅行，去世界各地找寻灵感。

纯粹的韩国辣

-

2008年的夏天，yimi前往韩国庆熙大学做交换生，在韩国这个吃辣很普遍的国家，她感受着与中国完全不同的韩国辣。韩国的辣很纯粹，无油，只用单纯的辣椒粉，所以韩餐的油脂比较少，我们常见的泡菜汤其实很清爽。

她在韩国最深刻的记忆就是大学的食堂，食堂里她最爱的一道菜是泡菜炒饭。众所周知，韩国的泡菜是非常出名的，泡菜种类很多，有完全腌熟的，还有稍微涂抹一些辣椒

面腌制一晚就能吃的。这道泡菜炒饭非常简单，简单到只用到洋葱末、猪肉末、白芝麻和泡菜。材料简单翻炒后加到泡菜汁里，吃时能完全体会到泡菜的酸、辣、甜，各种层次。一抹泡菜的红，一点点微微的辣，是她在韩国生活中的小确幸。

学校周围的小餐厅也是她经常去的地方，土豆汤、泡菜石锅拌饭这样家常的东西，就是她日常的一餐。跟着饭店老板娘学做的韩式南瓜粥后来也出现在她下厨房的菜谱里，是跟做超过 4000 次的超人气菜谱。今年她时隔 9 年又回了一次学校，在学校的食堂、门口的小饭店重温了一圈，令人庆幸的是，那些饭店基本都在，价格和味道都没有变，那份保留的感情，就像她心中韩国的辣，依旧单纯。

温柔的泰国辣

-

除了热爱烹饪，yimi 还是个潜水重度爱好者，她说在海里可以感到无穷的安心感，仿佛回到了故乡。她从学生时代开始每年的假期都会到各地去潜水，在泰国前后待过七八个月。除了潜水，她也会在泰国全境旅行。

在清迈有许多面向海外游客的厨艺学校，yimi 也曾经在那里参加过厨艺学习。每个学校的菜单都不同，而她选择这个学校的原因非常简单，就是因为这家会教授她很想学的一道菜：红珍珠椰露冰套餐。

泰国咖喱品种很多，比起绿咖喱、黄咖喱，yimi 最爱的是红咖喱，也是泰国咖喱中辣味最重的。她在清迈学到了这道咖喱之后，也同样制作了一组菜谱，以自制的红咖喱酱为原料，搭配泰国的香辛料，做了鱼饼、虾饼、清迈面等菜式，也相当受欢迎。

在 yimi 看来，泰国辣色彩丰富，表现形式温柔，能让人开心起来。就像走到了室外，亲身接触到了大自然。

Salt

多彩迷人的滇川辣

-

还是大学生的时候，yimi曾经前往云南和四川支教。2008年暑假，她在云南澜沧县的一所小学里做乡村女教师。在学校和学生们同吃同住的日子里，第一次体会到了云南的人情风貌。那段日子让她深深领会了云南人的吃辣功力，一整个月的时间里，只有一餐菌菇火锅不是辣的，其他时候鱼是辣的，蔬菜也是辣的。支教之后她和同学们一起在云南境内用15天旅行了一圈，西双版纳、大理、丽江都留下了他们的足迹。云南的辣对于她来说非常丰富，甚至是梦幻的，不知道会以什么形式出现，难以捉摸。

第二年的支教任务在四川绵竹的拱星镇。在临时房里，她教孩子们背诵文天祥的《正气歌》。一样也是同吃同住，让yimi对四川的辣也留下深刻的印象。之后的几年，她还多次去了成都这个有名的美食之都。第一次在成都吃火锅，一锅红油，蘸料也是一碗油，瞬间让她无从下口。但四川的辣魅力也是无穷的，钵钵鸡、冒菜、串串，激发了她的创作欲，川辣和菜籽油的完美结合，让她在回来之后创作了一道红油清远鸡。当然怕辣的人也不用太过担心，在四川吃辣之后总有一碗冰粉可以解决一切，甜甜的蛋烘糕也一样可以解辣。

全世界都是你的菜

-

yimi现在是生鲜电商易果网的内容主编，多年在美食界的历练，让她对于美食工作的热情越发强烈。这半年来她全身心投入在“亚米星球节”这个项目。在亚米星球节中，全世界的美食不再遥远，好味道、好食材、好厨艺，都能轻松地被用户享受到。

在上海举行的第二届亚米星球节也成了城中的美食风向标。十多家上海顶级餐厅和全球顶级食材供应商为来到亚米星球节的美食爱好者提供了来自全世界的美味。而在亚米星球节的“星光私宴”上，易果更是利用3D投影技术，让食客在两个小时内身临其境地吃遍世界最好吃的7个地方，让全世界的好味在一个地方同时呈现成为可能。

yimi说，美食在满足人们口腹之欲的同时，也能让大家对我们所在的星球产生好奇心，对生活和世界充满憧憬。易果正在积极将亚米星球节复制到其他城市，而“亚米星球”也会在线上有更多的动作，让更多不同地区的用户感受到亚米星球美食的魔力。

yimi是个热爱生活的人，旅行也好，美食也罢，最终指向的还是人本身。美食不是生活的终点，而是开启未来的一把钥匙。

yimi正利用她的间隔年进行潜水训练。

回不去的是故乡

-

文&图 | 山地姐

我的朋友zhuyi有一次说道，一个人，不论他出生在何地，在什么地方生活的时间最长，他就算是那里人了。我深深表示赞同，古人不也早说过“年深外境犹吾境，日久他乡既故乡”，也是这个意思吧。

山地姐

-

高级西点师，中式烹饪师。原籍四川，擅长烘焙西点和烹制家常川菜。曾多次担任《ELLE》、《贝太厨房》杂志食物造型师。多次拍摄“一条”美食视频，并应邀参与各种品牌厨房电器的推广活动。目前自己开办烘焙课堂，教授家庭蛋糕、面包、中点和川菜的制作。微信公众号：山地小厨房。

作为四川人，我离家差不多20年了，回去成都已经找不到路了。在上海生活了14年，变成了半个上海人。听得懂天书一样的上海话，浦东浦西都找得到方向，交了好些个上海朋友，说话开始带“呀”的尾音，也习惯在炒青菜的时候放一勺糖，吊出青菜的鲜（他们都是这么说的）。

唯一不变的，我还是吃得辣。不是说餐餐都得吃辣的，也不是无辣不欢，没有辣的菜就没法下饭。绝大多数的时候，我对食物都有很开放的心态，什么新口味我都很愿意尝试。但是在某些特定的时候，某些场景下，我还是想念那一份辣，或者说，下意识地，选择吃辣的。比如工作很累压力很大的时候，生气的时候，去外地或出国两三周后，吃了一肚子当地菜，我的胃和心，开始渴望吃一点辣。这个时候，最快速有效安慰自己的，就是回家煮一碗面。

典型的一碗四川家常面，无非是酱油，葱花，两大勺红油辣椒。冰箱若是富裕，再煎一只蛋，烫两棵小青菜。5分钟就可以煮一碗。再花5分钟连汤喝干净。放下碗，妥帖，舒服，落胃。整个人就放松下来了，有了回到家的真实感觉。外国人把这种食物叫作“comfort food”，有点传神。

红油辣椒，四川话叫作熟油海椒，油光红亮的一大罐子，上面浮着一层白芝麻。这个是家常川菜的灵魂，没有它，四川人是没有办法过日子的。这个东西，超市里市场里没有卖的，家家户户都是自己做，各有秘方。不信你去看在外地的四川人，哪怕再不会下厨的人，他的厨房也必定有一罐，可能是从老家带回来的。

我家也有这么一罐子，要吃光了就赶紧再做一罐。那是一只老式的搪瓷缸子，大概是5年前，四川朋友搬家回成都了，我去送她，顺便接手了她的辣椒罐和半罐用她妈妈亲自从成都带来的辣椒粉做的红油辣椒。喜欢搪瓷缸的样子，跟小时候家里的那一罐一模一样。有了这个宝贝，不管是煮面、下抄手、凉拌鸡，还是拌黄瓜，只要来上红亮的两大勺，妥妥的好味道。

空了的时候，我也常在家里招呼朋友吃饭。如果让她们选，每个人几乎都想吃我做的四川菜。回锅肉、麻婆豆腐、水煮肉片、豆瓣鱼、麻辣小龙虾，都是四川家常菜。自己百吃不腻，朋友也是人人欢喜得紧。配料简单，只要有一瓶郫县豆瓣酱，就可以做出来。由于太受欢迎，有一段时间我还开课教做过这些菜，结果场场爆满，学员无不直呼辣得过瘾。

有一年冬天，突然想吃青菜脑壳酥肉汤，于是想起大油锅自己炸酥肉，这样的场景以前何曾想到过呢。打电话回去问，那头婶婶讲完又换叔叔来说，各种传授秘籍，恨不能半夜就去买肉给我炸了好快递来。好在也听懂了，隔天就自己折腾了一锅，做了豆瓣蘸水来配，就是想要的那个味道。

但也不是什么想吃的都做得出来。有一次猛然想起小时候妈妈常在夏天做的一个菜，好像是番茄炒红辣椒，红艳艳的一小碗，又是鲜来又是香辣，辣得直吸气还是想再舀一勺。但去买了辣椒炒了两三次始终不是记忆的味道，只能作罢。极度后悔没有早想起来学学。现在手机里几百个号码，却再也找不到妈妈了。

他们说，回不去的是故乡。他们还说，胃通向心。那么，此心安处，便是吾乡吧。

关于辣椒的故事

-

文＆图 | 大菜

每当别人知道我是四川人时，总会语气肯定地对我说：“你一定很能吃辣！”

大菜

-

本名何易，画家、策展人，同时也是知名美食博主。因为在美食领域的活跃度非常高，所以“大菜”这个笔名比本名更广为人知。

其实，我并不是很能吃辣，对于很多火辣的菜肴我甚至觉得难以承受，但是，对于辣椒，我有种特殊的情感，这种情感来源于成长的经历——辣椒留给我太多美好的回忆，而我的生活也和辣椒联系在一起，剥离不开。

还记得家乡春天上市的二荆条辣椒，有着四川盆地特有的欢快和泼辣，绿莹莹的辣椒表面泛着光泽，让人仿佛能闻到田野的清新。妈妈能用这种新鲜的二荆条辣椒做出各种好吃的菜肴：将辣椒放在炭火边烧到表面略焦，再撕成细条加皮蛋和少许作料凉拌起来，就是一道鲜美异常的菜肴，焦香的辣椒和醇厚的皮蛋混合在一起让人回味无穷；或者将二荆条辣椒切碎，和新鲜的玉米粒一起煸炒，炒到辣椒和玉米粒表面都有一点点焦，是极佳的下饭菜，微辣的辣椒和清甜的玉米粒让人能品尝出山野清香和人间烟火的双重滋味；再或者，将辣椒做成虎皮青椒，二荆条辣椒虽然辛辣，但绝不嚣张，有一种清新婉转之感，是带着恻隐之心的泼辣，朴实而天真，入口虽然刺激，但辣过之后满口余香，留给人回味更多的是泼辣之中的无限温柔。

入夏以后的二荆条辣椒渐渐变红，青涩的味道也渐渐变得厚重，妈妈这时候会选新鲜的辣椒洗净剁碎后腌制豆瓣，红红的辣椒经过油盐的封存，将转变成更醇厚绵长的滋味，这种豆瓣用来蘸食或者炒菜都很好，都会添加辣椒的风韵而又不会特别辛辣。或者将红红的二荆条辣椒洗净晾干放入泡菜坛中腌制成泡椒，这种带着酸辣滋味的泡椒是做鱼香滋味菜肴必不可少的材料，也让四川人的餐桌充满各种变化和可能。

瓜子

除了成都平原特产的二荆条辣椒，四川还有子弹头、七星椒、小米辣等很多辣椒品种。朝天椒辣味胜过二荆条，但香味却不如二荆条辣椒那么突出。七星椒呢，辣味更胜，而小米辣比其他几种都辣。四川人的餐桌因为有了这些各式各样的辣椒而变得丰富多彩，而由这些辣椒制作的泡椒、干辣椒、糍粑辣椒、豆瓣等更是让川菜呈现出缤纷绚烂的姿态。

辣椒对于我来说，不仅仅意味着辣，还意味着更丰富的滋味，而它火辣的外表下，有更多不为人知的性格和表情。我很愿意和大家分享我对辣椒的种种认识和感情，就如同人的千变万化一样，辣椒也有它的百孔千面。

食盐
Salt

辣椒是由国外传入中国的调料，据说最初将辣椒运入中国的老外们也没安好心，但没想到中国人民一吃还就上瘾了，于是辣椒在中国生根发芽、开枝散叶。味蕾能感知到辣椒释放出来的“热”，这种热的温度和辣椒的辣度成正比，也就是越辣的辣椒越热，对我们的味蕾刺激也就越大，灼烧到一定程度就会让人感觉痛。

人之所以喜欢吃辣椒，并不是自虐到喜欢没事找痛，而是人在受到刺激的时候会分泌一些物质来进行自我保护，也就是麻痹自己的神经，而这种“自我麻痹”在一定程度上类似于喝酒微醺的感觉，是介于半梦半醒之间的小兴奋状态。

辣椒中含有一种叫辣椒素的物质，这种物质作用于中枢神经使人兴奋，基本就和毒品差不多，辣椒素会使人上瘾，而人对辣椒的抵抗能力也可提高，也就是爱吃辣椒的人会越吃越辣，瘾越来越大。

这也就解释了为什么辣椒能征服老少、风靡大江南北了吧，其实很多让人欲罢不能的事物都具有相同性状，比如酒，比如爱情，都有如毒品一般的魔力。

从科学的角度来说，辣椒、酒、爱情在品尝之初都会让人感觉到“热”，而其内含的某些物质会使人兴奋，从而让人体分泌出好些成分复杂的化学物质，而人之所以享受其中完全是因为这些化学物质的作用。

这么说起来其实也挺没劲的，梦幻般的爱情归根结底不过是“内分泌失调”，和着爱谁不爱谁的完全是激素说了算？唉，还真是的，罗兰·巴特说过：“恋人爱上的是爱情，而非情偶。”

图书在版编目（CIP）数据

无辣不欢 / 任芸丽主编. --北京：中信出版社，
2017.11

（食盐）

ISBN 978-7-5086-8145-0

Ⅰ.①无… Ⅱ.①任… Ⅲ.①饮食—文化 Ⅳ.
①TS971.2

中国版本图书馆CIP数据核字（2017）第231737号

02 无辣不欢

主　　编：任芸丽
出版发行：中信出版集团股份有限公司
（北京市朝阳区惠新东街甲4号富盛大厦2座　邮编　100029）
承 印 者：北京盛通印刷股份有限公司

开　　本：787mm×1092mm　1/16　　印　　张：9.75　　字　　数：100千字
版　　次：2017年11月第1版　　印　　次：2017年11月第1次印刷
书　　号：ISBN 978-7-5086-8145-0　　广告经营许可证：京朝工商广字第8087号
定　　价：45.00元

食盐
Salt

ISSUE 02

无辣不欢

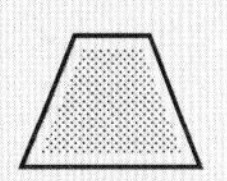

出版人：任芸丽

主编：任芸丽

执行主编：金澜

助理编辑：林玥

运营总监：杨琪蒙

策划编辑：刘杨

责任编辑：刘杨、黄盼盼

营销编辑：孙千傲

摄影：喻彬

内页设计：Crystal Shi、Benny

封面设计：陈梓健

菜谱设计 / 菜品造型：金澜

食盐
Salt

ISSUE 03

关于蛋的一切，尽在《蛋的料理》，敬请期待

-

ISSUE 01
轻食，因食而愈

ISSUE 02
无辣不欢

ISSUE 03
食盐

■ ■ ■ ■ ■ ■